法式甜點的設計

Patisserie Design Ideas

序

啟發我正式踏上法式甜點這條不歸路，是某次在書局看到一本食物攝影師所寫的食譜書，裡面呈現的照片栩栩如生，食物擺盤於桌上等著人們食指大動，那樣慵懶隨性的餐桌時光，正好適合舒緩忙碌一天後的緊繃壓力。

餐桌對我而言代表生活態度，是個充滿色彩、歡樂以及紓壓的地方，或許每一個人對於餐桌的定義有著不一樣的解讀，但自那時開始，我試著將我的餐桌時光記錄下來，從料理慢慢到甜點，之後為了追求畫面的豐富性開始親手製作，就這樣一頭栽進料理甜點的世界。

後來，一心追求更精進甜點技術的我，毅然離開了原本的設計工作，到日本研習甜點，並在回國後創立了以教學為主的「EN pâtisserie 大口心心」品牌，分享自己的甜點技巧、製作方式以及個人觀點等等……我始終希望能夠引導學生從不同以往的角度看待甜點這件事，呈現給大家「哦～原來還有這樣的方法」或者「跳脫現有的框架，就有不一樣的視野！」的思考方式。

在著手設計甜點時，我最重視的無疑是美味，其次在如何傳達設計理念給品嚐者，進而產生共鳴，最後，則是呈現出「Wow ～」的吸睛元素。甜點設計於我而言，就像在訴說一個故事。那個故事可能是親身親歷或腦中閃過的天馬行空，也有可能是從小到大感受過的人、事、物。既然每個人的經歷、觀察角度不同，甜點造型當然也不該侷限在某一類型的框架，不設限的跨領域結合才能激盪出火花。

感謝人生中每一個讓我成長進步的貴人、家人、好朋友，以及在甜點創業這條路上跟著我一起前進、學習的好夥伴、好老公「新廸」。本書獻給支持我走上甜點這條路的父親以及母親。一切盡在不言中。

EN pâtisserie
大口心心

CHAPTER

01 基礎篇

CHAPTER

02 暖色系 - 實作篇

CHAPTER
03 冷色系 - 實作篇

CHAPTER
04 中性色系 - 實作篇

CHAPTER

05 主題式動物紋 - 實作篇

| 本書使用提醒 |

- 開始製作前，請務必詳讀食譜。
- 因各家烤箱差異大，烘焙溫度與時間需視實際情況調整。若不確定自家烤箱特性，建議可使用烤箱溫度計測量。
- 所有粉類材料請先過篩後再使用。
- 所有巧克力都是使用調溫巧克力。
- 依照甜點製程不同，有些需要提前一天操作，可參閱「建議製作順序」。
- 本書食譜配方皆經過測試，用量以能夠呈現最佳效果為主，並標示出完成份量，若需增減請自行調整。
- 各食譜皆標示使用模具，亦可找類似款取代，再依實際尺寸調整配方或裝飾方式。
- 請抱持開放自由的心態，感受甜點設計的無盡樂趣！

PROLOGUE

甜點的
設計思維

Concepts in Dessert Design

前身為設計師的我，從就學到設計師時期，時常使用不同媒材當作設計靈感，如今也持續應用許多以往在設計行業使用的技巧、設計心理學以及色彩搭配的經驗，來完整每次的甜點作品。接下來，在開始製作甜點前，先與大家分享我在設計甜點時的思維架構，大略可區分為「靈感」「造型」「色彩」三個層面。

甜點設計的架構

放大感官，從生活中找尋想法

在構思一款甜點時，首先，我分別會以「造型」、「口味」以及「自我感受」為設計的出發點：

「造型」先決

法式甜點以精緻外觀聞名，擺在櫥窗裡要如何讓人湧現想品嚐的衝動，最直接的方式就是「造型」，其次是顏色搭配。造型的構思來自於平時生活所帶給我的感受。

舉本書中的「ZEN」為例，就是以「造型先決」的情況所設計，重現日式庭院帶來的寧靜感以及一點綠意。決定好了造型方向後，先直覺使用代表日本的抹茶當作主要口味，進而思考其他食材的搭配。如此一來，不論是外觀、顏色都能讓人感受設計者想傳達的想法。

「口味」先決

「甜點設計」乍聽著重外觀，但其實使用當季食材及口味搭配，對我而言才是最重要的部分。如果內層的口味失去平衡，不論外觀設計得多麼精緻美麗，這個作品都會失色不少。活用當季的水果食材、多嘗試不同國界的料理組合，往往靈感都會在意想不到地方出現。

本書中的「玫瑰騎士」，口味靈感便來自於巴黎名店 Pierre hermé 的代表作 Ispahan（玫瑰荔枝覆盆子馬卡龍），以「口味先決」設計內部層次，再從食材本身的顏色來決定模樣。有時口味已經決定好，但外觀不知道如何呈現時，善用食材本身以及顏色搭配裝飾是個不錯的方法。

《 ZEN 》

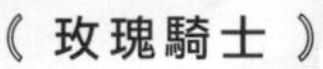

《 玫瑰騎士 》

「自我感受」先決

甜點對於我而言，就是一種形式的生活記錄，所以也會出現以「自我感受」做為出發點的設計。例如「Okinawa」這款甜點，本書中收錄的是後來的 2.0 版本，而最初的起源，顧名思義，就是我自身對於「沖繩」的回憶。

有時我們會靠著音樂來追憶某段時光，品嚐甜點當然也可以回到當時的美好。為了展現沖繩的夏季風情，口味上使用熱帶水果搭配，外觀則是夕陽般的溫暖黃色。我設計甜點時的靈感，往往來自於對生活中微小事物的觀察，路上的行人、颯颯的風聲，放大自我感官，試著尋找屬於自己的感受，會為作品帶來不一樣的視野。

《 Okinawa 》

在甜點裝飾中，融入基本設計原理

造型藝術與美學發展相關的萬物，皆是由「點、線、面、體」的元素所構成，每一種元素代表的含義，以及給人的心理感受都不同。點成線、線成面，「面」的基礎元素包含方形、三角形、圓形，再加上第三方空間形式延伸出「體」，再搭配運用其他色彩、紋理等元素，才能完成關於美的視覺構圖。讓我們把甜點表面當做畫布來構思裝飾：

點的呈現

從正上方的角度俯瞰甜點時，上方的裝飾物品就是一個「點」。假設點位於正中央，就會有平穩、安定的感覺；如果讓點偏移中心點，則可以使畫面上變得跳躍、有動感。透過裝飾焦點的位置不同，就能夠讓甜點產生不同的感官感受。

線的呈現

在藝術層面上，「線」分成很多種類：水平線、垂直線、對角線、彎曲線，其中還有粗細等不同變化。在甜點設計上，我們也時常會使用巧克力、拉糖或者其他裝飾來表現出「線」的效果。透過線的擺放或排列，能夠呈現出不同的心理感受，例如水平線平靜和諧、垂直線簡潔有力、彎曲線優雅柔和、對角線充滿俐落感。

面＆體的呈現

「形狀」在每個領域中都有其代表的含意，而形狀就是由最基礎的方形、三角形、圓形等「面」延伸出的「體」元素。透過形狀的差異，能夠帶來迥異的觀感。

在甜點的設計上，「點、線、面、體」的運用，決定了整體造型的走向與觀感。舉例來說，如果要製作以個人形象為主題的蛋糕，假設對象是個「身形壯碩、個性穩重大方又開朗」的人，這時候，我可能就會採取方形為主軸設計，呼應靈感來源的個性以及身形，至於其他特色，則用色彩以及上方的裝飾來凸顯。

本書的「Minimal 2」，就是先做出代表穩重的方形基礎後，在色彩上選擇黃色色調或者黃色食材表現活潑開朗的特質，上方裝飾再以圓形巧克力球呈現圓潤跟律動感，完成上方線條輕快、下方線條沉靜莊重的作品。

此外，形狀的呈現也包含了大小的變異性。假設將 Minimal 2 改為體積較小的迷你版設計，整體感就會顯得輕盈，若再搭配不同的色彩以及裝飾擺放的位置，就會變成另一個截然不同的作品。

利用錯落、大小不同的點，表現出輕盈活潑感。

鳥巢般的曲線糖絲可以營造視覺焦點，散發優雅氛圍。

以剛正的方形結合輕快的圓，打造「穩重又開朗」的形象。

善用色彩心理學，決定主題色＆搭配色

品嚐甜點時充滿幸福的感覺，相信每一個熱愛甜點的人都知道。甜蜜的滋味除了由糖引起的歡愉感，視覺上藉由食物色彩帶來的食慾更是不可或缺。色彩能夠傳達溫度、感覺以及心理層面的含義，如何在甜點上呈現設計者想要傳達的想法，除了上述提到的造型外，藉由顏色引發的心理因素更是不可或缺。

色彩的選擇

我們對於顏色與食物的連結，來自從小到大的生活經驗，因此大多數人對於食物色彩的感知都是一樣的，看到藍色就會想到冰、清涼感，紅色則會直覺聯想到火，以及口腔中的刺激。

甜點設計上選用的色調，直接影響了觀賞者的心情與感受，若以大範圍區分，可分成暖色調、冷色調、中性色調。

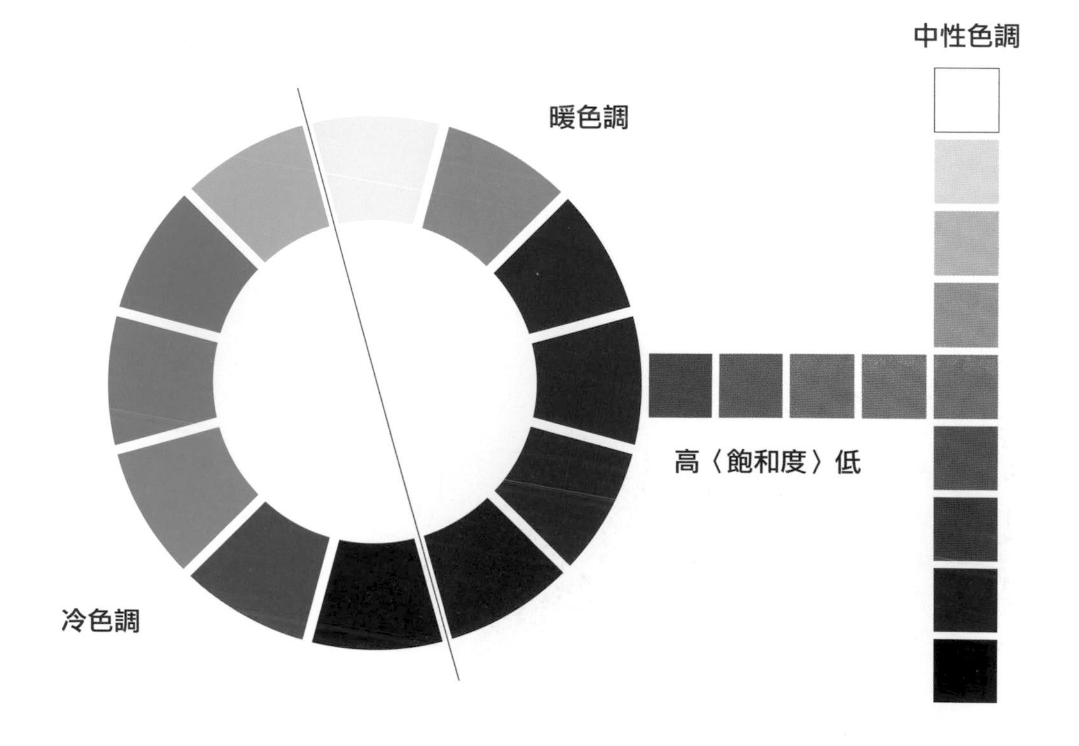

紅色系

熱情、鮮明、促進食慾

製作甜點時經常使用莓果類或者表皮是紅色的水果，像是覆盆子、草莓、蔓越莓、荔枝、蘋果等等。紅色系的深淺不同，也能呈現出個性強烈或溫和的迥異差別。

黃色系

開朗、溫暖、舒適、搶眼

黃色或橘色能夠讓人產生振奮、開心的感受，並且同樣促進食慾。常用的甜點食材有檸檬、香橙、香蕉、佛手柑、鳳梨、芒果等等，具有多樣性的口味變化。

棕色系

安定、可靠、親切、溫馨

剛出爐的餅乾、糕點就是棕色，除此之外，巧克力、咖啡、栗子等也都是常用的元素。溫暖的色調能夠帶來安心感，帶來撫慰的氛圍。

綠色系

安心、清新、健康

抹茶以及開心果在製作綠色系甜點中是較好取得的食材，會讓人產生輕盈的感官感受，每當想要品嚐甜點又不想要有太大負擔時，就會不由自主選擇它。

紫色系

神祕、高雅、貴氣

這類顏色較少在大自然出現，普遍被認為是有毒的表現，也因此能夠顯現出獨特的神祕風貌。通常除非特意設計，否則在甜點應用上，多半會折衷選擇食材中可能出現的顏色，例如藍莓、紫薯、無花果等或藍或紫的色彩，透過「可食用」的既定印象來避免影響食慾。

白色系

乾淨、神聖、純潔

白色的食材令人感到安全、純淨無瑕以及輕盈，與其他顏色搭配時能夠彰顯色彩的獨特性，讓整體視覺更聚焦。除了以白巧克力做成飾片、噴砂或披覆外，打發鮮奶油、蛋白霜也是常見的選項。

黑色系

高貴、奢華、高級感

黑色同樣具有視覺聚焦的效果，利於凸顯其他顏色。結合紅色或橘色等強烈色彩能夠產生良好的對比，讓整體更為顯眼。像是可可粉、竹炭粉、黑芝麻粉都是不錯的選擇。

色系的搭配

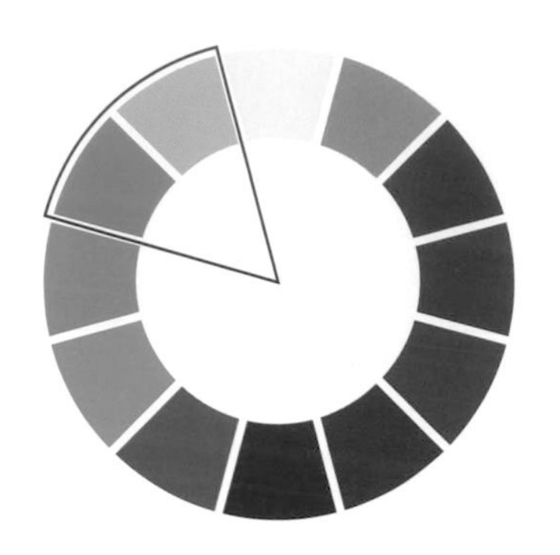

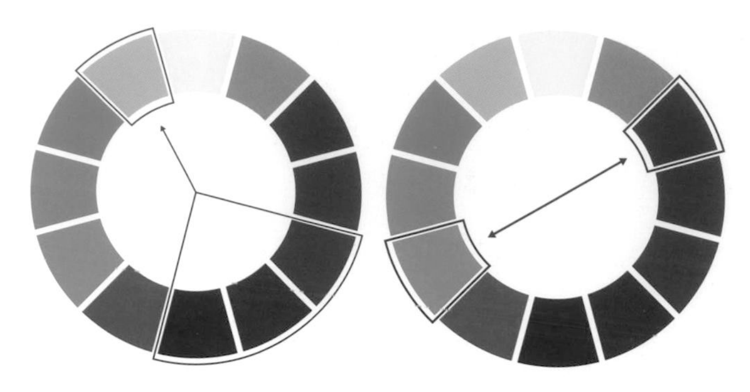

漸層色 / 近似色
在色相環上位置靠近，或是同色彩不同深淺的顏色，讓整體在色調上較為一致和諧。

對比色 / 互補色
位於色相環對向位置的顏色，透過差異度高的色彩，能夠帶來格外顯眼的效果，強調出視覺重點。

當設計甜點口味已經完成、主題顏色也定案，這時可以參考色環的「近似色」、「對比色」、「互補色」的顏色搭配法。

「近似色」是我在設計甜點外觀最常使用的方法之一，指的是色相環相鄰的兩種顏色，例如紅色的近似色是黃色、綠色的近似色是藍色，因顏色相近，在畫面的呈現上較為統一、不雜亂，具有調和與和諧的氛圍。

我個人在設計甜點時，較常選用一、二種的「近似色」作為主題色。因為喜歡視覺上純粹、乾淨的風格，一眼讓品嚐者知道是什麼口味。因此不論是外觀或是切開來的剖面，我喜歡保有適當的留白處，更能襯托出主題色的特性。

不過雖然大面積的「近似色」在視覺上平衡舒服，卻缺少了驚喜感及趣味性。這時候，就可以再利用色相環 120-180 度的「對比色」以及色相環 180 度的「互補色」來做點綴，讓視覺產生暫留的效果，吸引目光。像是本書中「紅舞鞋花園」，就是使用開心果的綠以及草莓的紅來營造高對比、鮮明且強烈的印象，也同時強調出食物特色，較易讓人印象深刻。

《 紅舞鞋花園 》

甜點不像是料理，可以一眼看到食材本身的外觀、顏色，在品嚐之前大腦已先預期聯想到會吃到的味道。當我們在盤中料理看到紅蘿蔔的模樣時，即便味覺還沒感受到紅蘿蔔，大腦的反應也已經讓我們想到紅蘿蔔的味道。

法式甜點講求精緻度以及配色，外觀的設計除了明顯的水果等食材的元素外，也可能呈現出一顆圓形或更具體的花瓶模樣。這兩者都不屬於食物的樣貌，像這種時候，顏色的選擇、搭配或者表層呈現的材質就格外重要，決定了這款甜點是否讓人感到美味。

辣椒紅是紅、覆盆子紅也是紅，這麼多種類的紅色食材，要如何在第一眼就讓觀者將眼前的甜點跟口味聯想在一起（或者反向操作，提供完全出乎預料的驚喜），除了考量到色彩帶來的心理反應，也必須讓品嚐者感受到設計者賦予甜點的想法。

甜點的設計雖然有基本原理脈絡，卻沒有需要絕對遵循的公式。例如本書中的「Less Is more」，便是這些年來授課的過程中，我不斷在傳達給學生們的觀念，即便使用同樣的元素和材料，因應設計者的觀感、想法、經驗，也能組合出難以計數的樣貌。而這，不就是製作甜點的樂趣嗎？

CHAPTER 01

基礎篇

BASIC

法式甜點講究從裡到外的層次、豐富性，
也因此容易給人高不可攀的形象。但其實
拆解開來看，就是各種元素的排列組合，
既可以繁複，也可以簡單，例如瑪德蓮、
費南雪就是很容易入門的甜點。在這章節
中要帶大家認識一些常用的工具、食材與
基本技法，學會後就可以充分應用在各式
甜點設計中。

工具

工具的選擇上，沒有廠牌或型號的限制，自己使用上順手、符合需求的種類才是最好用的。擁有好用的工具，可以幫助製程事半功倍、達到更如預期的效果。

開始製作前，務必先檢視食譜確認需求工具，若手邊沒有可以先思考是否有替代品或必須購買，避免操作中斷。

建議先從基本用具準備，例如：烤盤羊毛刷、小刀、抹刀（L型）、矽膠刮板、打蛋器、篩網、鋼盆、擠花袋、花嘴、手持式電動打蛋器、食物調理機等，逐漸熟練後再增加較專業性的品項，也更能夠了解自己習慣的手感與需求。以下列出的則是我自己較常使用的其他工具。

桌上型攪拌機

用於攪拌麵團、混合食材或是打發大量蛋液等，可以節省許多力氣與時間。

均質機

時常用於食材的乳化、混合、拌軟、切碎等，可以讓質地更加均勻細緻。

熱風槍

遇到需要調整蛋液、巧克力等溫度時，可從鋼盆外直接加熱。
若沒有也可以先用吹風機代替，但溫度較不穩定。

巧克力噴砂機

將空壓機（圖右）裝上噴頭（圖左）後，用於製作巧克力噴砂的機器，我使用的是比較專業的種類，也可以依照需求選用小型機種，或者直接購買市售噴式可可脂。

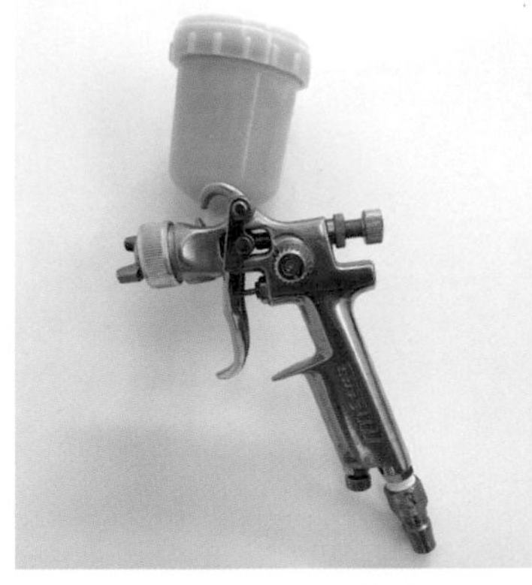

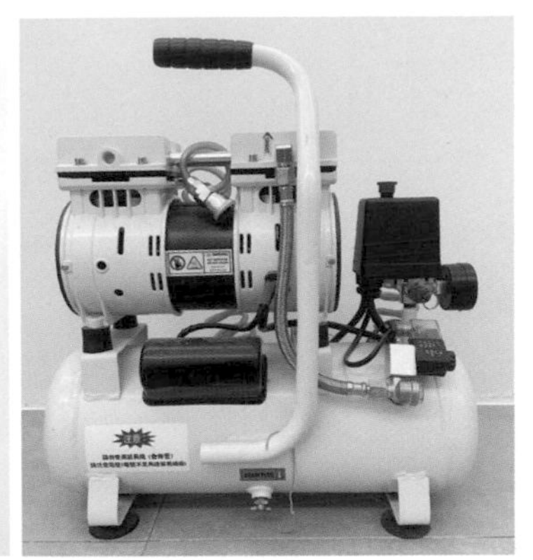

烤盤（左）&
烤盤墊（右）

烤盤我較常使用的有淺烤盤、網洞烤盤、藍鋼烤盤、深烤盤（圖左至右），依照需求挑選即可。烤盤墊有分矽膠烤盤墊、網洞烤盤墊、不沾烤盤布、烤盤紙（圖左至右），為了減少耗材，我大多使用矽膠烤盤墊取代烘焙紙。

網洞塔圈（左）
慕斯圈（右）

塔圈我喜歡使用網洞的款式，透氣性高、烘烤效果較好。尺寸、形狀依照需求挑選即可，也可以利用組裝的方式拼出不同形狀。

烤模（左）
矽膠模（右）

模具的種類多元，假設沒有相同款式，尋找相似或自己喜歡的取代即可。一般模具烘烤前都建議抹油避免沾黏。矽膠模具可用於烤焙及冷凍定型，烤焙後務必等模具完全冷卻再脫模；用於冷凍時，必須確實凍硬再脫模。

食材

食材的選用，原則上直接影響成品的味覺呈現。雖然品質好壞很重要，但挑選時並非越貴越好，也必須留意不同食材的香味、味道、特性，以及彼此間的契合度。

尤其個性越鮮明的食材越需斟酌，例如在甜味來源的挑選上，因為蜂蜜具有其獨特的強烈味道，很容易喧賓奪主，除非製作蜂蜜口味的甜點，否則選擇沒有特殊氣味的砂糖或上白糖來得更為合適，也更能夠強調出食材的風味。

《基礎食材》

麵粉

一般分為高筋、中筋、低筋（日文稱為強力粉、薄力粉），蛋白質含量由高至低，成品口感由紮實到鬆軟；麵粉以法國粉與日本粉為大宗，可依照個人喜好與習慣選用。

糖

糖的種類極多，各有其特性、用途和甜度。一般我在製作甜點時，甜味來源多以無特殊風味的糖為主，例如砂糖、糖粉、上白糖、海藻糖。上白糖是日本特有的白砂糖，含有 1-2% 的轉化糖，保濕效果佳。海藻糖的甜度僅約砂糖的四成，能夠帶出溫和的甜度，減少膩口感外，也較不易遇熱變色。

其他各種糖類則依照需求使用，若用於混合慕斯或果凍等液態食材時，以轉化糖漿、葡萄糖漿為主要選擇，更能夠均勻充分融合。三溫糖、黑糖、紅糖、蜂蜜等具獨特風味，則視欲呈現的甜點效果挑選。

鹽

鹽在甜點中具有提味、延長保鮮期等作用，原則上使用一般精鹽即可，若用於風味呈現上，可使用鹽之花、香草鹽等特殊鹽種。

蛋

雞蛋放置得越久，產生的「硫化氫」越多，造成所謂的「蛋腥味」，因此建議挑選新鮮度高的雞蛋。

乳製品

奶油、鮮奶、鮮奶油、奶油起司等，依照需求選用。用於烘焙的奶油多以「無鹽奶油」為主，避免干擾調味。另外鮮奶、鮮奶油的溫度過高會導致蛋白質結塊，加熱時需避免過度沸騰。

日本上白糖 vs. 台灣細砂糖

來自於日本的上白糖跟台灣的細砂糖，最主要的差異是**上白糖裡面有微量的轉化糖，而轉化糖具有保濕性，烘烤後蛋糕體較為濕潤、甜度較高，可幫助增色**，焦糖化的反應比砂糖明顯。那上白糖適合用在其他烘焙產品嗎？舉例來說：餅乾，就不太適合使用上白糖，因它的保水、增色特性會讓餅乾過於上色或者不夠酥脆。

三溫糖是什麼？

三溫糖是一種日本特有的砂糖，將製造上白糖後殘留的糖液，經過三次加熱再結晶，使其產生焦糖化，因這個過程「三溫（加熱三次）」得以此名。現在製法有別於傳統，但仍然保有獨特的焦香味。**台灣砂糖和三溫糖的風味無法相互取代，但可以使用三溫糖取代配方中的部分砂糖，幫成品增添獨特焦香。**

30 波美度糖漿是什麼？

30 波美度糖漿時常在法式甜點食譜裡面出現，是一個以「波美度」為單位來測量溶液濃度以及密度的方法。「30 波美度糖漿 = 糖度 55.4brix」，意指55.4 公克的砂糖＋44.6的水＝100公克的糖漿。以此類推，「15 波美度糖漿 = 糖度 27.2brix」，意指 27.2 公克的砂糖＋ 72.8 的水＝ 100 公克的糖漿。或者，也可以直接記住以下配方：

30 波美度糖漿 =100 公克的水：135 公克的砂糖，加熱煮沸後，將雜質撈除，冷藏即可。

《風味食材》

風味粉

可可粉、茶粉、百香果粉等，用於增添風味與調和顏色之粉類。

新鮮水果 / 果泥 / 果醬

水果是甜點設計中很重要的元素。新鮮水果在使用前，必須仔細清洗並拭乾，避免水分或雜質殘留到甜點上。果泥則是將水果使用急速冷凍技術製成泥狀，例如覆盆子果泥、黑醋栗果泥、紅心芭樂果泥、佛手柑果泥等，不受產季限制、種類多樣。此外，也可以選用以水果熬製的果醬，風味與純粹的果泥不同。

巧克力 / 可可脂

巧克力我大多使用 70% 左右的黑巧克力。除此之外，還有牛奶巧克力、白巧克力、可可碎、可可膏等，依照需求選用。可可脂則是從可可豆萃取出來的天然食用油，為製作巧克力的材料，賦予巧克力入口即化的口感。

堅果 / 堅果粉 / 堅果抹醬

堅果帶有乾燥且香氣十足的特性，有助增添風味、色澤和口感的層次，常見的有榛果、開心果、杏仁、松子、夏威夷果等。亦可依照需求選用榛果粉、芝麻粉等堅果粉，或是栗子醬、開心果醬等抹醬。其中的杏仁粉較為特別，主要生產於美國、西班牙，最常使用於製作馬卡龍、達克瓦茲，亦可取代部分麵粉，增添香氣。

香草莢

用於增添香氣，以刀背刮出其中的香草籽使用。若用於煮牛奶等與液體加熱時，可連香草莢一同浸入，讓香氣更明顯。乾燥後的香草莢可插入砂糖中靜置，或者使用食物調理機打成粉狀混入砂糖，製成帶有香草氣息的香草糖。

利口酒

帶有風味的酒，例如櫻桃白蘭地、蜂蜜威士忌、櫻桃酒、橙酒、巧克力奶酒、荔枝酒、蘭姆酒、草莓酒等，用於增添風味。

《其他》

食用色素

在甜點的設計上，食用色素是不可或缺的調色輔助。無論是使用色粉或色膏，皆只需要極少量就能達到理想的色澤，不用擔心食用過量的問題。本書只有在巧克力噴砂中使用到油性色粉，「玫瑰騎士」的杏仁海綿蛋糕則使用紅色色膏。

法式甜點的基礎技法

法式甜點範疇廣泛，所謂的甜點設計並非無中生有，而是在框架中打破框架，站在既有的基礎上，將形色不同的元素逐一拆解、重新堆疊，重組成獨一無二的外觀與口味。在開始設計自己的甜點前，先理解各種基本元素的製作與應用，才能更加得心應手。

《蛋白霜》

蛋白霜分為法式蛋白霜、瑞士蛋白霜、義式蛋白霜三種，在甜點中運用的範圍廣泛，內餡、蛋糕體、裝飾，幾乎從裡到外都可見其蹤跡。雖說成分單純，簡單而言就是「蛋白加糖打發」的產物，但依照操作程序的不同，在口味、口感、用途上皆有迥異的差距，是學習法式甜點時不可忽略的基礎技巧之一。

種類	難易度	成分	特性	用途
法式蛋白霜	★	蛋白 砂糖	操作簡單、穩定性較低的基礎蛋白霜，未經過加熱不可直接食用。 使用溫度約 23℃ 的室溫蛋白較容易打發，但若以冷藏蛋白打發，結構更穩定不易消泡。此外，砂糖添加量也會影響蛋白霜的質地及穩定性，最少需蛋白的 1/3 才適合操作。	通常用於戚風、海綿蛋糕等麵糊類，是三種蛋白霜中最為輕盈的。
瑞士蛋白霜	★★	蛋白 砂糖	將蛋白、砂糖隔水加熱至 55-58℃ 後進行打發。穩定性高、黏度高、口感較厚重。若要直接食用，需使用殺菌蛋白，或是將蛋白與糖隔水加熱至 72℃ 殺菌後製作。	加入奶油霜混勻成瑞士奶油霜，用於抹面蛋糕或製作馬林糖都很適合。質地帶有黏性。
義式蛋白霜	★★★	蛋白 砂糖 水	操作難度較高，但最為穩定、不易消泡、質地黏稠。製作 118-120℃ 的糖漿，緩慢倒入打至濕性發泡的蛋白霜中，高速打發至硬挺、有光澤感後降回室溫使用。	因為蛋白經過高溫糖漿殺菌，適合用於不需再烘烤的慕斯類甜點。使用義式蛋白霜製成的奶油霜及慕斯口感相當輕盈。

法式蛋白霜

材料

蛋白 70g
細砂糖 35g

作法

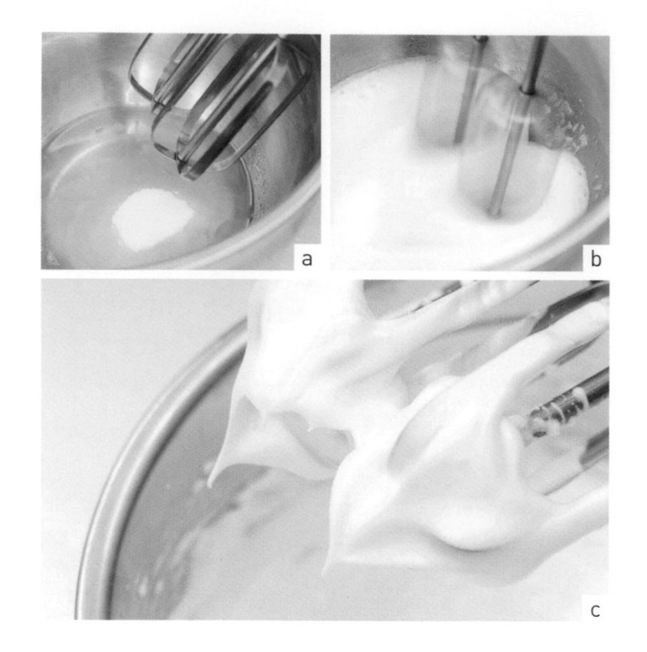

1 先在蛋白中加入一小撮糖穩定蛋白，開高速打發，看到蛋白表面有一層泡泡時，加入 1/3 的糖，繼續高速打發。（圖 a）

2 等到蛋白狀態變成細緻的白色泡泡時，加入第二次 1/3 的糖。（圖 b）。

3 當蛋白霜表面已經開始出現紋路時，加入剩餘的 1/3 糖，轉至中速，打發至濕性發泡，約 7-8 分發，拉起打蛋器時前端有小彎勾的狀態，再用最慢速將氣泡變小和細緻。（圖 c）

瑞士蛋白霜

材料

殺菌蛋白 45g
細砂糖 25g
轉化糖漿 5g

作法

1 把殺菌蛋白、細砂糖、轉化糖漿隔水加熱至 55-58℃。（圖 a）

2 打發成挺立的狀態後，降溫至 36-40℃ 使用。（圖 b）

TIP 建議使用殺菌蛋白。如果是用蛋白混合糖去打發，用巴斯德低溫殺菌法 72℃ 加熱消毒約 15 秒處理，可避免孳生造成食物中毒的沙門氏菌。

延伸變化
瑞士奶油霜

材料

瑞士蛋白霜 30g
無鹽奶油 160g

作法

事先將無鹽奶油恢復溫度至 22-24℃。將無鹽奶油稍微打成霜狀，加入瑞士蛋白霜混合均勻即可。

義式蛋白霜

材料

蛋白（冷藏）............ 70g
細砂糖 A 25g
飲用水 40g
細砂糖 B 115g

作法

1 將細砂糖 B 和水倒入鍋中煮到 110℃左右時，同步開始打發蛋白，分次把細砂糖 A 加入蛋白中，以中速打至濕性發泡。（圖 a-b）

TIP 可先取細砂糖 A 中的少部分，加到冰的蛋白當中，增加穩定度。

2 當糖漿溫度到達 118℃時，轉到高速打發，一邊將糖漿以細絲狀慢慢倒入鋼盆邊緣，一邊持續打發到手摸鋼盆外側微溫，蛋白霜呈現硬挺狀態。（圖 c-d）

TIP

- 如果蛋白霜的狀態已經是濕性發泡，但糖漿溫度還沒到達，可以轉為慢速攪拌。
- 煮糖漿的時候，蛋白霜不能完全打發，否則糖漿倒入後會無法吸收，導致成品癱軟。
- 倒入糖漿後，速度為高→中→低。

義式蛋白霜可以減糖嗎？

製作義式蛋白霜時，建議的比例為**「砂糖：蛋白＝2：1，砂糖：水＝1：0.3」**。如果不想要太甜，可減糖 30%，但可能會殘留些許的蛋腥味，建議添加些許香草精來去除味道。

延伸變化
義式奶油霜

材料

義式蛋白霜 50g
無鹽奶油 125g

作法

事先將無鹽奶油恢復溫度至 22-24℃。將無鹽奶油稍微打成霜狀，加入義式蛋白霜拌勻即可。

使用義式奶油霜製作餅乾夾餡，口感輕盈不膩口。

《 奶醬 》

奶醬是法式甜點中不可或缺的配料，可以做為裝飾或內餡，也可以當成基底再添加奶油霜、打發鮮奶油等，延伸出更多風味和口感。接下來要介紹的是時常用到的三種奶醬：英式蛋奶醬、卡士達醬、炸彈麵糊的基本作法，口感及操作需再依照甜點需求調整。

英式蛋奶醬

最基礎的奶醬作法，材料簡單、風味溫和，製作時需留意溫度不宜過高，以免蛋黃熟透。混合打發鮮奶油以及吉利丁後，就成為慕斯蛋糕常用到的巴巴露亞。

材料

牛奶 50g
鮮奶油 50g
細砂糖 100g
蛋黃 .... 3 個

作法

1 將牛奶、鮮奶油加熱至微溫。（圖 a）

2 砂糖、蛋黃使用打蛋器攪拌至砂糖融化並且顏色泛白。（圖 b）

3 將步驟 1、2 攪拌均勻，使用湯鍋煮至 82℃。（圖 c）

4 利用篩網過篩，降溫至 28-30℃ 即可使用。（圖 d）

延伸變化
英式奶油霜

材料

英式蛋奶醬 45g
無鹽奶油 125g

作法

事先將無鹽奶油溫度恢復至 22-24℃，使用手持式打蛋器或是桌上型攪拌機（槳形）打成霜狀，加入英式蛋奶醬拌勻即可。

延伸變化
巴巴露亞慕斯

材料

英式蛋奶醬 128g
打發鮮奶油 90g
吉利丁塊 12g

作法

將吉利丁微波加熱至融化後，加入英式蛋奶醬，過篩後再加入打至 6-7 分發的鮮奶油，拌勻即可。

卡士達醬

添加澱粉（麵粉、玉米粉）製造出黏性而成的奶醬。以卡士達醬為基底，添加打發鮮奶油為外交官鮮奶油、混合奶油霜變穆斯林奶油霜，拌入義式蛋白霜則為希布斯特（本書未使用）。

材料

牛奶	200g	細砂糖	15g
細砂糖	15g	玉米粉	8g
香草莢（取籽）	1支	低筋麵粉	8g
蛋黃	50g	無鹽奶油	10g

作法

1 香草莢用刀背刮出籽後，將牛奶、砂糖、香草籽加熱至微溫。（圖 a）

2 蛋黃以及細砂糖使用打蛋器打至顏色變白、砂糖融化，並加入過篩的玉米粉、低筋麵粉拌勻。（圖 b）

3 將步驟 1 的牛奶倒入步驟 2 的麵糊中拌勻，再倒回鍋中。（圖 c）

4 以小火煮至冒泡後，續煮約 20-30 秒，離火，此時的卡士達醬光滑柔順。（圖 d）

TIP 卡士達醬在初期會因升溫變得濃稠。煮到開始冒泡泡後持續攪拌，會慢慢不再這麼濃稠，變得光滑。

5 煮好的卡士達醬必須儘速隔著冰水降溫，並倒入淺盤內、服貼上保鮮膜，冷藏保存。使用前取出，再次用打蛋器拌勻即可。（圖 e）

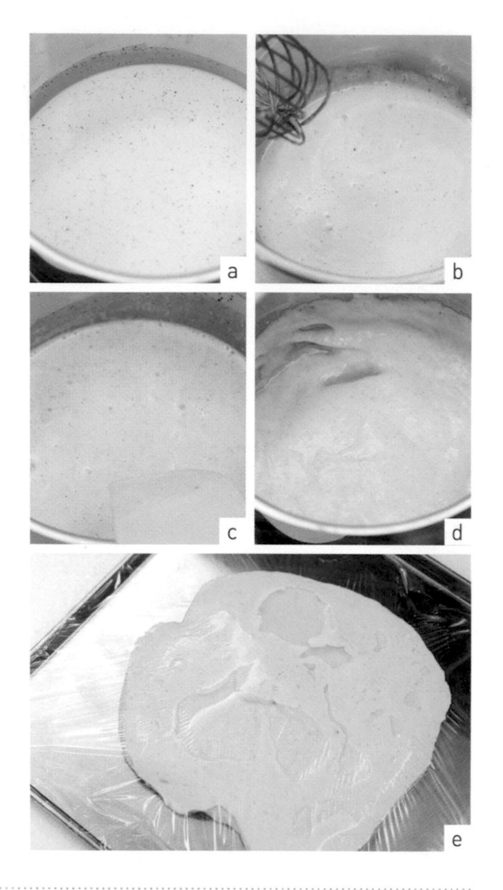
a b c d e

延伸變化 外交官鮮奶油

材料

卡士達醬 80g
打發鮮奶油 40g

作法

卡士達醬先稍微回溫，使用打蛋器攪拌至滑順。再加入打至 6-7 分發的鮮奶油，混拌均勻即可。

延伸變化 穆斯林奶油霜

材料

卡士達醬 200g
無鹽奶油 85g

作法

將無鹽奶油恢復溫度至 22-24℃，使用打蛋器將奶油打軟成霜狀，再分次加入卡士達醬拌勻即可。

TIP 卡士達醬使用之前記得要先恢復到微溫狀態，避免與奶油混合時油水分離。

穆斯林奶油霜 Crème Mousseline

穆斯林奶油霜又稱為德國奶油霜，其實就是「卡士達醬＋奶油霜」所組成，適合擠花、多層蛋糕、達克瓦茲等甜點。單純使用卡士達醬質地會太軟，可以依照個人需求添加奶油霜調整軟硬，並且加入酒類、巧克力、堅果、果泥等變化口味。

炸彈麵糊

將熱糖漿倒入蛋黃中殺菌並打發而成的奶醬。由於含有許多小氣泡，質地輕盈蓬鬆、口感濃郁，且較容易塑形。

材料

飲用水 54g
細砂糖 135g
蛋黃 60g
無鹽奶油 300g

作法

1 將冷藏或室溫無鹽奶油打軟備用，完成溫度約 18-20℃。（圖 a）

TIP 此階段的無鹽奶油不需要打發或打得太滑順，以免影響後續的操作。

2 將水、糖放入鍋子加熱，同時將蛋黃輕輕打散。等待糖漿的溫度到達約 116-118℃時，將蛋黃高速打發，慢慢倒入糖漿。（圖 b-c）

TIP 糖漿的溫度很高，需沿著鋼盆的邊緣緩緩倒入，較不易噴濺。

3 持續打發到質地光滑，並且降溫至 38-42℃。（圖 d）

4 將步驟 3 分三次加入步驟 1 的奶油霜中，並持續低速打發，直到光滑均勻。（圖 e）

TIP 炸彈麵糊的基底是將蛋黃經過高溫殺菌加入奶油霜混合而成，口感濃郁、並且適合擠花塑形。

《塔皮》

塔類甜點一直以來都很受歡迎，較常使用的有沙布列塔皮與甜塔皮，兩者因操作手法不同，也會產生不同的口感，可依照自己的喜歡選用。「沙布列塔皮」的質地較為酥鬆，需避免過多的水分滲透而軟化。「甜塔皮」則偏脆硬，也是餅乾麵團的製作方式。

沙布列塔皮

使用 Sablage 砂狀拌揉法，以冰冷的奶油與粉類混勻成沙狀的鬆散質地，加入冷藏蛋液後成團。

特 性

口感酥鬆。因水分容易滲透而導致塔殼變軟，不適合搭配高含水量的醬料，像是卡士達、檸檬奶油醬等等。

材料

無鹽奶油	140g	純糖粉	110g
低筋麵粉	140g	鹽	1g
高筋麵粉	140g	全蛋	50g
杏仁粉	40g		

作法

1 事先將無鹽奶油切成小丁狀備用。（圖 a）

2 將低筋麵粉、高筋麵粉、杏仁粉、糖粉、鹽過篩至鋼盆中，加入冷藏後的無鹽奶油，使用桌上型攪拌機（槳形）慢速打至約略淡黃色的奶粉狀。（圖 b）

3 慢慢加入蛋液，維持慢速攪拌至大致成團。（圖 c）

TIP

- 為了減少麵團產生筋性，不需要攪拌至完全成團。
- 加完蛋液後不會立即成團，需要持續慢速攪拌，這時候不要額外添加蛋液，以免麵團過於濕潤。

4 將麵團放入塑膠袋中整形，擀成 0.2cm 的厚度後，放入冰箱冷凍鬆弛 30-60 分鐘。（圖 d）

TIP

- 使用塑膠袋整形，可以不用撒手粉（高粉），避免影響配方中的粉類比例。市面上有很多不同尺寸的塑膠袋，依照每次使用的塔皮量分裝製作，能夠避免剩餘過多的二次塔皮。再者，在冰箱中也比較整齊好保存。
- 沒用完的二次塔皮可以做成餅乾食用，但不適合再製作成塔殼，易回縮、口感較硬。
- 擀塔皮時建議在左右墊相同厚度的鋁片，或者使用可調式擀麵棍來輔助，確保厚薄度一致。（圖 e）

a

b

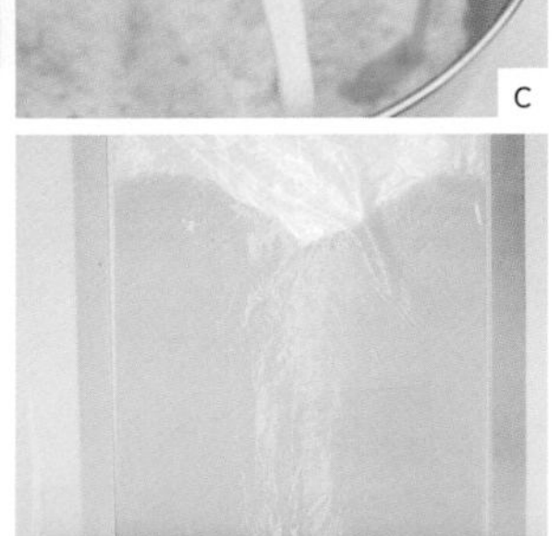

c

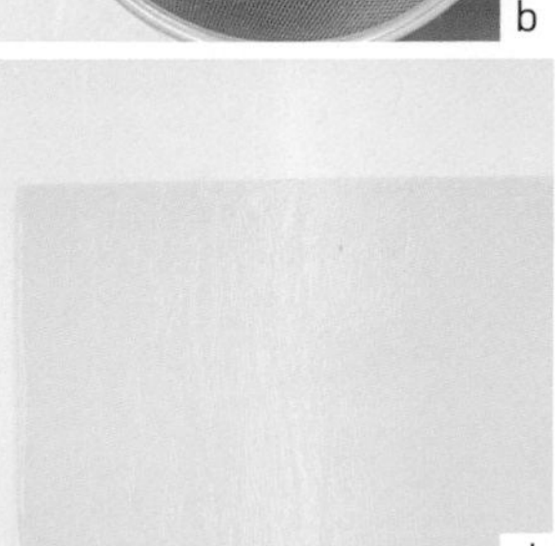
d

e

5 將塔皮切割成長條形的圍邊（依照所需量切割，長、寬略大於模具），以及比模具小 0.4-0.5cm 的底部。（圖 f-g）

6 將塔皮入模，先圍邊再入底，將接縫捏合。接著將多餘的塔皮斜切掉（內高外低），放入冰箱冷藏鬆弛 30-60 分鐘。（圖 h-l）

TIP

- 塔皮先圍邊，可以確保側面不會因為沒入好而產生長長的接縫。
- 塔皮烘烤時，沒有接觸塔圈那側會因為高溫而下陷，但有接觸塔圈那側不會。所以入模後切掉多餘塔皮時，可以將刀子和塔圈呈約 25°，形成內高外低的角度斜切，這樣烘烤完塔殼就不需要再次整形。

7 放入預熱好的烤箱中，以 150-160℃ 烤 15-20 分鐘出爐後，脫模再烤 5-6 分鐘，取出散熱。（圖 m）

TIP 使用網洞塔圈搭配網洞矽膠墊，就不需要另外放入重石，也不用在塔皮底戳洞。網洞塔圈可以將側面均勻上色，不容易有孔洞產生；因網洞矽膠墊導熱散熱均勻，不需將底部戳洞，亦可達到平整效果。

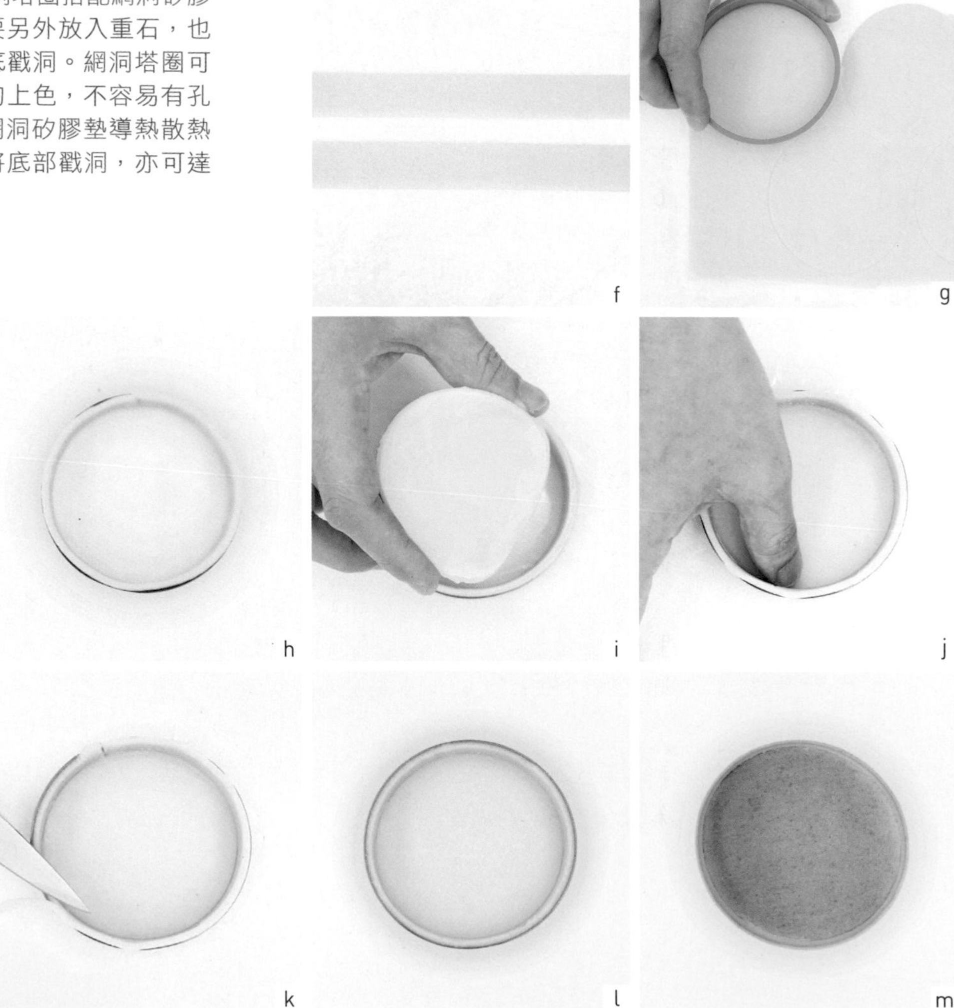

甜塔皮

使用 Crémer 奶油法，作法類似餅乾麵團，讓室溫奶油均勻分散在麵團中，使麵筋不易產生。甜塔皮的口感會因操作時間拉長而變硬，建議盡速完成。

特 性

口感較脆。適用於製作餅乾或較大型的塔類甜點，搭配醬料不易軟化。

材料

無鹽奶油	140g	全蛋（常溫）	110g
杏仁粉	60g	低筋麵粉	280g
純糖粉	190g	高筋麵粉	280g
鹽	6g		

作法

1 事先將無鹽奶油恢復溫度至 22-24℃，使用手持式打蛋器或是桌上型攪拌機（槳形）打成霜狀。（圖 a）

2 接著加入杏仁粉、糖粉、鹽拌勻即可，不要打發。（圖 b）

TIP 打發後的口感較酥，但餅乾的形狀容易變形。

3 分次加入常溫蛋液拌勻。（圖 c-d）

TIP 如有油水分離的狀態，可以使用吹風機或是熱風槍隔著鋼盆微微加熱，直到完成乳化。

4 最後加入過篩的低筋、高筋麵粉，以慢速攪打至麵團大致成團。（圖 e）

TIP 不需要打至完全成團，如圖 e 的狀態即可。

5 將麵團放入塑膠袋裡面整形，擀成 0.2cm 的厚度，冷凍約 15 分鐘。（圖 f）

6 依需求切割塔皮，鋪排在網洞烤盤墊後，放入預熱好的烤箱中，以 160℃ 烘烤約 20-25 分鐘。

《蛋糕體》

蛋糕體會直接影響甜點的內部組成及口感，經常使用的有杏仁海綿蛋糕、海綿蛋糕兩種。「杏仁海綿蛋糕」多用於慕斯或奶醬類甜點，因蛋糕體不是主體，更能凸顯風味。「海綿蛋糕」則適用於以蛋糕體為主角的甜點，搭配鮮奶油或是奶油霜，一般熟知的操作手法分為「全蛋法」、「分蛋法」以及「舒芙蕾法」三種，口感略有不同，本書中使用的多為「全蛋法」或「舒芙蕾法」。

杏仁海綿蛋糕 製作分量：L60cm×W40cm×H1-1.5cm

使用杏仁粉取代大部分的麵粉。口感較軟而有韌性、烘烤出的蛋糕體較薄，適合用於蛋糕夾層，搭配慕斯以及奶醬類的甜點。

材料

杏仁粉	125g	蛋白	170g
純糖粉	70g	細砂糖	75g
全蛋	170g	低筋麵粉	40g

作法

1 事先將低筋麵粉過篩備用。

2 將杏仁粉、糖粉過篩至鋼盆後，加入全蛋，使用打蛋器打至顏色泛白。（圖 a）

3 打發蛋白霜：製作蛋白霜時，砂糖分三次加入，攪拌至提起打蛋器時前端為小彎勾。（圖 b）

TIP

- 蛋白打發前，先加入配方中少許的砂糖，可以增加穩定度。打發至呈現洗手泡泡般綿密狀態時，加入第一次砂糖，當白色泡泡佈滿整個表面時加入第二次砂糖，表面開始有點痕跡時，將剩餘的砂糖全部加入，打至小彎勾狀態。
- 打發蛋白霜的速度：高→中→低（最後轉低速讓氣泡細緻，烤出來的蛋糕體氣孔才會比較小）。

4 取 1/3 的蛋白霜加入拌勻的步驟 2（杏仁粉、糖粉、全蛋），並分三次加入過篩的低筋麵粉，切拌至無粉類殘留，最後加入剩餘的蛋白霜，切拌均勻。（圖 c-d）

TIP 步驟 2（杏仁粉、糖粉、全蛋）和蛋白霜混合至稍微還看得到黃白色時就可以加入粉類，可以避免過度攪拌而消泡。

5 將麵糊倒入烤盤中，大致平鋪後使用長尺輔助刮平，放入預熱好的烤箱中，以上火 190℃、下火 150℃烘烤 13-15 分鐘。（圖 e-f）

TIP 使用烤盤時，請在上方鋪矽膠墊再倒上麵糊。若使用烘焙紙烘烤，取出後先將四角撕開散熱，稍微冷卻後，翻面鋪上烘焙紙繼續散熱。使用矽膠模具時，請放到完全冷卻再脫模。

海綿蛋糕・全蛋法

製作分量：L55cm×W36cm×H1cm

普遍常見且簡單的海綿蛋糕手法，多為「全蛋法」或「分蛋法」，差別在於直接將全蛋打發使用，或是先將蛋白打發成蛋白霜再混合。全蛋法製成的口感較紮實，分蛋法則更為柔軟。此處示範的是全蛋作法。

材料

全蛋 500g
上白糖 320g
低筋麵粉 252g
鹽 2g
植物油 72g
牛奶 68g

作法

1 低筋麵粉、鹽過篩備用。（圖 a）

2 植物油、牛奶加熱至 40℃ 並且維持溫度。（圖 b）

TIP 請選擇沒有味道的植物油，避免影響風味。

3 將全蛋、上白糖隔水加熱至 38-40℃，使用手持式打蛋器或是桌上型攪拌機高速打發至表面有痕跡後，轉至中速，持續打發至打蛋器提起時，麵糊可以在表面畫 8 字，且 2-3 秒不會消失後，轉至最慢速讓氣泡變小且細緻。（圖 c-e）

TIP 隔水加熱要記得鋼盆不能碰到水面，利用水蒸氣到達所需的溫度。

a b c d e

4 分次加入過篩的粉類，切拌至無粉類結塊。（圖 f）

5 取一部分的麵糊加入 40℃ 的油類液體拌勻，再倒回剩餘的麵糊中，持續拌勻至無油的痕跡。

TIP 先取一部分的麵糊加入油類液體，是為了讓兩者質地接近，以免拌勻過久而消泡。

6 麵糊從距離模具約 30cm 處倒入後，使用刮板往四邊角落推去並沿著四邊抹平。拿起烤模離桌面約 10cm 距離，往下敲震出氣泡，再放入預熱好的烤箱中，以 180℃ 烤 12-15 分鐘。（圖 g-j）

TIP

- 因蛋糕體較薄，使用竹籤測試較不準確，以手摸蛋糕體表面，若不沾手並且回彈，即表示蛋糕體已烘烤完成。
- 因使用矽膠模具，必須等待蛋糕體完全冷卻才可脫模，建議可以在上方蓋烘焙紙，避免蛋糕變乾。
- 如果使用烘焙紙烤焙，出爐後將四個角撕開散熱。稍微冷卻後，翻面鋪上烘焙紙繼續散熱。

f g h i j

海綿蛋糕・舒芙蕾法

製作分量：L55cm×W36cm×H1cm

想要柔軟的海綿蛋糕口感時，舒芙蕾法是很好的選擇。作法類似泡芙麵團的燙麵法，也稱為「泡芙蛋糕體」，經過高溫的程序能夠讓麵團承載更多液體，蛋糕體較為濕潤。

材料

材料	份量	材料	份量
全蛋（室溫）	147g	低筋麵粉	160g
蛋黃（室溫）	144g	牛奶 B	107g
無鹽奶油	107g	蛋白	298g
牛奶 A	27g	上白糖	160g

作法

1. 事先將全蛋、蛋黃放在室溫，打散拌勻。
2. 無鹽奶油、牛奶 A 煮沸後關火。（圖 a-b）
3. 加入過篩的低筋麵粉拌勻，開小火，持續攪拌到鍋底出現一層薄膜，關火降溫，並移至鋼盆當中。（圖 c-d）
4. 麵糊溫度大概降溫至 60-62℃時，分次加入步驟 1 的蛋液，每次蛋液要完全吸收才能加入下一次。（圖 e-f）
5. 將牛奶 B 加熱至約 50-60℃，倒入麵糊中拌勻。

   TIP 這邊加入微溫的牛奶是為了方便操作，避免麵糊過於濃稠，不易和蛋白霜拌勻。

6. 打發法式蛋白霜：先在蛋白中加入一小撮糖穩定蛋白，再將剩餘的糖分三次加入。先開高速打發蛋白，看到表面有一層泡泡時，加入 1/3 的糖；等蛋白的狀態變成細緻的白色泡泡時，加入第二次的 1/3 糖；最後當蛋白霜表面開始出現紋路時，加入剩餘的 1/3 糖，並轉至中速，攪打至濕性發泡 7-8 分，拉起時打蛋器前端有小彎勾，再轉到最慢速，將氣泡變小和細緻。（圖 g）
7. 將步驟 5 的麵糊先加入 1/3 蛋白霜拌勻，接著再倒至剩下的蛋白霜中，切拌均勻至無結塊。（圖 h）
8. 麵糊從約 30cm 的距離倒入烤模，使用刮板往四邊角落推去，並沿著四邊抹平。（圖 i）
9. 拿起烤模離桌面約 10cm 距離，往下敲震出氣泡。再放入預熱好的烤箱中，先以 180℃ 烤 10-12 分鐘，掉頭後降溫 160℃，烤 12-15 分鐘。

   TIP

   - 因蛋糕體較薄，使用竹籤測試較不準確，手摸蛋糕體表面不會沾手並且回彈，表示已經烘烤完成。
   - 使用矽膠模具，必須等待蛋糕體完全冷卻才可脫模，建議可以在上方蓋烘焙紙，避免蛋糕變乾。
   - 如果是使用烘焙紙烤焙，出爐後將四個角撕開散熱。稍微冷卻後，翻面鋪上烘焙紙繼續散熱。

舒芙蕾蛋糕體的特性

舒芙蕾蛋糕體在市面上有很多種名稱，泡芙蛋糕體、棉花糖蛋糕等等……各家做法有些許差異，但大致上雷同。舒芙蕾蛋糕體是採用製作泡芙的方式，將高溫的液體倒入麵粉中，如同燙麵般，並且持續翻炒升溫至 80-85℃，完成糊化作用。

過程中能夠防止麵筋產生、增加麵團的吸水性，讓麵團承載更多的液體，烘烤時產生水蒸氣讓蛋糕體充滿空氣感。適合作為蛋糕捲的基底，柔軟有彈性不易裂開。

《調溫巧克力》

經過調溫的巧克力表面光亮，置於常溫 1-2 分鐘即會凝固，入口即化，是法式甜點中時常運用的技巧。巧克力調溫的方式雖然略有不同，但理論及操作時的溫度變化都一樣，簡單而言，就是「將巧克力升溫、降溫，再次調整到適合晶體結構的溫度」，可分為「大理石調溫法、冰水冷卻法、種子法、可可脂粉法」四種。

巧克力的調溫方式

step 1

先將巧克力融化。可以使用微波爐加熱、隔水加熱，以及巧克力保溫鍋的方式融化。

黑巧克力：融化至 45-50℃
牛奶巧克力：融化至 40-45℃
白巧克力：融化至 40-45℃

step 2 擇一選用下列的調溫法，將巧克力降溫、升溫至所需溫度。

（**黑巧克力**：降溫至 27-28℃ → 升溫至 31-32℃
牛奶巧克力：降溫至 25-26℃ → 升溫至 29-30℃
白巧克力：降溫至 24-25℃ → 升溫至 28-29℃）

大理石調溫法

巧克力融化後，將 2/3 的巧克力倒在大理石檯面，使用巧克力鏟來回攤開收合，讓巧克力貼合在大理石檯面降溫。過程中巧克力會變得濃稠，當降到需要的溫度時，將檯面上的巧克力迅速鏟回剩餘的 1/3 融化巧克力中混勻，讓巧克力升溫，整體溫度控制在 31-32℃（黑巧克力的情況）。

冰水冷卻法

巧克力融化後，將鋼盆放入冰水盆中，不斷攪拌盆底及鍋壁，避免邊緣的巧克力降溫過快而凝固。降溫期間需反覆將鋼盆從冰水中取出拌勻，再放入冰水降溫，重複操作直到降至所需溫度。接著再隔水加熱，升溫至 31-32℃即可（黑巧克力的情況）。

種子法

將 2/3 的巧克力融化至約 50℃，並分次加入剩餘的 1/3 巧克力。觀察巧克力融化狀態，若很快融化表示溫度太高，就再多加一些巧克力，不斷攪拌並重複此步驟至整體降到所需溫度。過程中如一次加入過多調溫巧克力，會讓整體溫度過低，無法完全融解，這時可以使用熱風槍或者隔水加熱，調整溫度至 31-32℃（黑巧克力的情況）。

TIP

- 種子巧克力必須是調溫巧克力（出廠時已先經過調溫程序）。
- 種子法是利用加入未加熱的巧克力達到「降溫」效果，若已達到目標溫度，就不需要把巧克力加完。

可可脂粉法

巧克力融化後，備好巧克力 1% 比例的可可脂粉，**等巧克力降溫至 34℃時加入**，攪拌至均勻沒有顆粒，整體溫度為 31-32℃（黑巧克力的情況）。

TIP 依照不同巧克力種類降溫溫度略有差異，請參照可可脂粉包裝說明。

step 3 完成後，以抹刀沾取少許巧克力並等待 1-2 分鐘，若確實凝固且呈現漂亮的亮面光澤，即表示調溫成功。

本書中 Party Box（p234）的操作步驟是採取「種子法＋可可脂粉法」，將巧克力融化至 50℃後，加入少許種子巧克力加速降溫至 34℃，再跟 1% 可可脂粉混合均勻，整體溫度為 31-32℃。

TIP 加入過多的種子巧克力，可能會產生過多的安定結晶導致流動性變差，並且加速巧克力的凝固速度，在操作時要特別注意。

調溫巧克力的裝飾變化

完成調溫的巧克力在工作台上抹平，待半凝固時，即可切割出需要形狀的「巧克力飾片」，或是按照以下作法灌模、轉印，做出不同的花紋和造型。

巧克力球・灌模

1 準備半圓形的模具，擠滿調溫好的巧克力。（圖 a）

2 輕敲桌面震出氣泡，並晃動模具使巧克力均勻沾附且表面平整。（圖 b）

3 將模具倒扣，讓多餘的巧克力自然滴落。（圖 c）

4 模具維持倒扣狀態將表面多餘的巧克力鏟除，持續倒扣在烘焙紙上靜置到快要凝固時，再次將模具表面的巧克力清乾淨。（圖 d-e）

5 等到完全凝固後，即可脫模。（圖 f）

TIP 上述作法稱為「灌模」，可以應用在不同的模具上，做出各種造型。

6 取一片鐵板稍微加熱，將一個半圓巧克力球的切面放上去稍微融化，再和另一個半圓巧克力貼合，即完成「巧克力球」。（圖 g-h）

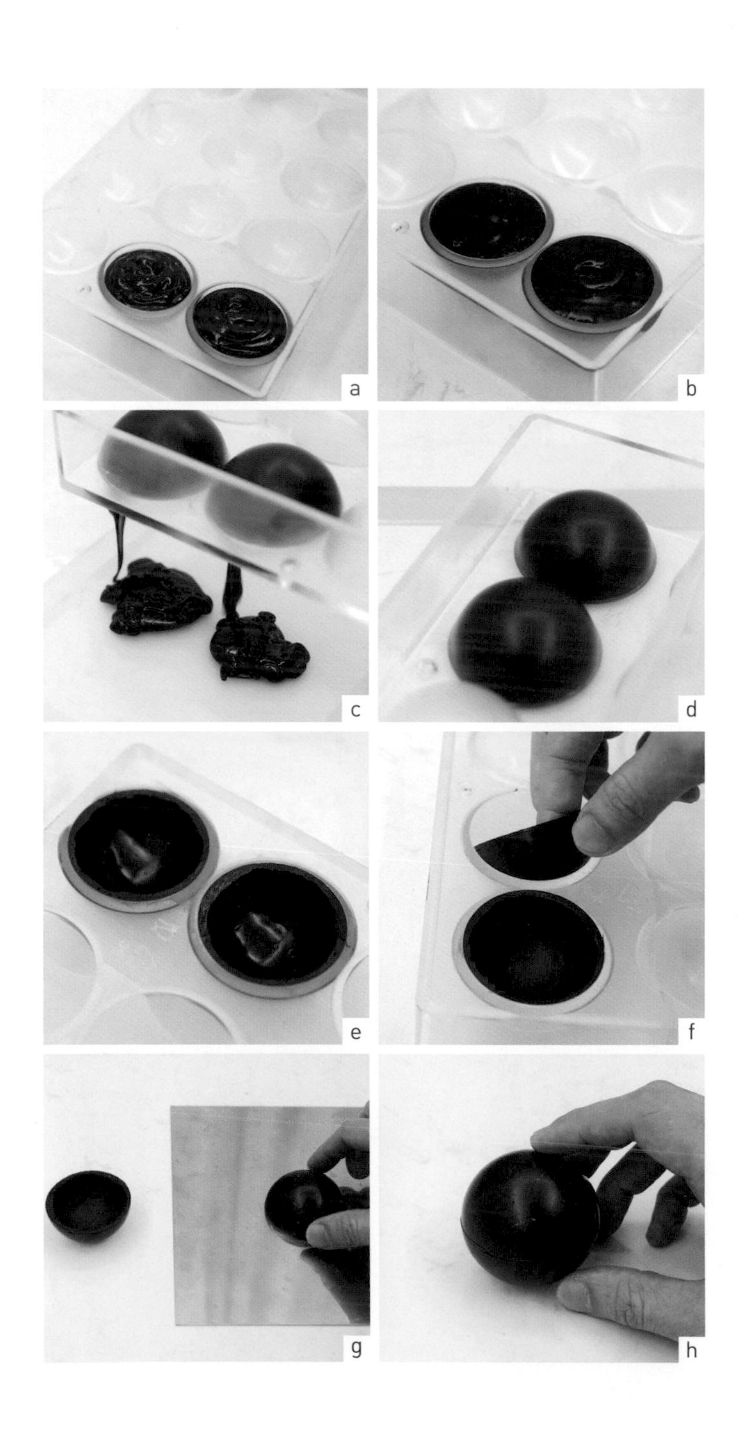
a b c d e f g h

巧克力飾片・花紋轉印

1 準備一張巧克力轉印紙，擠上調溫巧克力。（圖 a-b）

2 蓋上一張塑膠片後，用刮板刮平。（圖 c-d）

3 若需要切割造型，稍微放到半凝固時，先以模具壓出切痕。（圖 e）

4 利用模具或擀麵棍等工具輔助，讓巧克力片彎成想要的弧度。（圖 f）

5 冷凍至凝固定型後取出，小心取下完成的花紋巧克力飾片。（圖 g-h）

TIP 此處示範的是圓弧飾片，可依照塑形方式變化出各種不同的造型。

巧克力徽章

1 事先備好確實冷凍降溫的金屬蜂蠟章，以及 PET 透明塑膠片。

2 將調溫好的巧克力用擠花袋在塑膠片上擠出小圓點，迅速蓋上蜂蠟章即可。（圖 i-j）

TIP 巧克力遇到冰凍的章會快速變硬，即可再蓋下一個，若蜂蠟章升溫無法順利讓巧克力凝固，就要再次冷凍降溫才能使用。

《 焦糖堅果・果仁糖・帕林內 》

帕林內是將杏仁果、榛果、核桃等任意堅果，和砂糖、水一同炒製成焦糖堅果後，放入食物調理機攪打成綿滑泥狀的焦糖堅果醬。依照攪打程度不同，也可以做出帶有顆粒感的果仁糖，或是依照需求改變糖的比例調整甜度，應用在甜點內餡、裝飾上，用途廣泛。

材料

細砂糖 175g
飲用水 47g
榛果 260g

作法

1. 將榛果放入預熱好的烤箱中，以 150℃ 烘烤 7-8 分鐘，內部金黃有香味即可。（圖 a）
2. 砂糖、水、烤好的榛果放入小鍋中，小火煮至砂糖融化。（圖 b）
3. 持續以小火翻炒到糖結晶包覆在榛果外層。（圖 c）
4. 再繼續翻炒到砂糖焦糖化、整體轉為褐色。（圖 d）
5. 趁熱將榛果倒到烘焙紙上平鋪放涼，完成「焦糖榛果」。（圖 e）
6. 將焦糖榛果放入食物調理機中攪拌至泥狀，即為「帕林內」。（圖 f-g）

TIP 攪拌至帶有顆粒的粉狀時，即為「果仁糖」。

a b c d e f g

《吉利丁》

吉利丁是從動物皮和骨頭中提煉出來的膠質，可以幫助液體凝固，做出布丁、果凍、慕斯等甜點。

一般來說，吉利丁分為「吉利丁片」和「吉利丁粉」兩種型態。以往大多使用吉利丁片，將其放入冰水中泡軟後瀝乾，再加入約 70℃的液體當中融化。

但使用吉利丁片的缺點是效率低，且容易產生多餘水分造成慕斯類產品出水，或是破壞掉果泥等不適合加熱的食材風味。因此，我個人在製作甜點上，多選用以吉利丁粉製成的「吉利丁塊」。

吉利丁塊是什麼？

吉利丁塊是使用「吉利丁粉：水 =1：5」的比例混合而成的塊狀吉利丁」。

製作方式

將 5 倍的水先放入可微波容器中，倒入吉利丁粉稍微拌勻，再小火微波加熱 10-20 秒，讓吉利丁粉和水更容易拌勻後，在液體表面服貼上保鮮膜，冷藏凝固即可。

使用方式

使用之前，從冰箱取出需要的用量，以小火力分次微波加熱 10-20 秒至融化成「吉利丁液」即可。

吉利丁塊

提升質感的
甜點裝飾

在設計甜點的外觀時，除了應用本身的造型變化外，
有時候巧妙帶入一點點的裝飾元素，
便足以為整體點綴搶眼的目光焦點。
接下來提及的幾款甜點裝飾，都是我時常運用的元素，
只要學會基本的原理，就可以製作出各式各樣的不同造型。

《 愛素糖片 》

本書用於：玫瑰騎士（p78）、真空櫻桃禮盒（p210）

材料

愛素糖 isomalt 175g
水 .... 適量

作法

1 愛素糖、水一起加熱溶解至142-150℃。（圖 a）

2 稍微靜置等待氣泡消失不見，再倒入模具當中鋪平，放至凝固即可使用。（圖 b-c）

3 **細絲造型：**戴上耐熱手套，將糖液倒到矽膠墊上，趁熱將矽膠墊反覆翻壓、拉出細絲，或者纏繞木柄做出捲捲狀、用手捏出粗絲等，做出需要的造型。（圖 d）

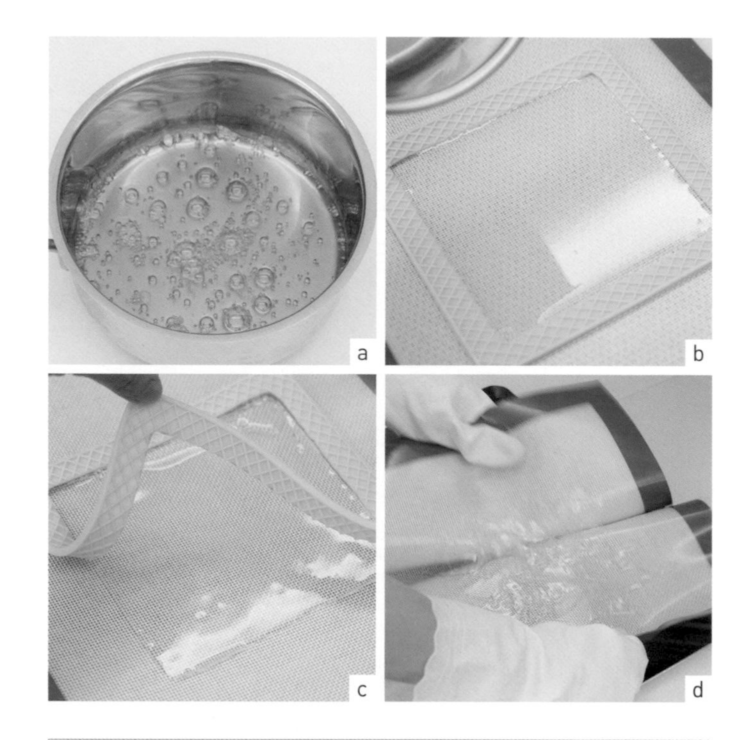

愛素糖 Isomalt 是什麼？

愛素糖又稱為「異麥芽酮糖醇」，是兩種雙糖的混合物，將其完全水解後得到 50% 的葡萄糖、25% 的山梨糖醇和 25% 的甘露醇。具有熱量低、延展性高、抗濕性高的特性，且甜度是蔗糖的一半，可重複使用。通常應用於製作棒棒糖、拉糖等產品。

《蛋白餅》

本書用於：小白山蒙布朗（p238）

材料

細砂糖 160g
蛋白 100g

作法

1 砂糖、蛋白隔水加熱至55-60℃，高速打發至挺立的硬性發泡。（圖 a-b）

2 將蛋白霜裝入擠花袋中，利用花嘴塑型，做出想要的形狀。

3 也可以將蛋白霜填入挖空模具內，用鐵板稍微下壓後拉起，做出不規則的山型。（圖 c-d）

4 放入預熱好的烤箱中，以80℃烘烤約 1.5 小時。（圖 e）

TIP 請依照自家烤箱調整時間，烤溫不要太高，容易爆開以及裂開，且可避免上色太深，以致白色變褐色。

a b c d

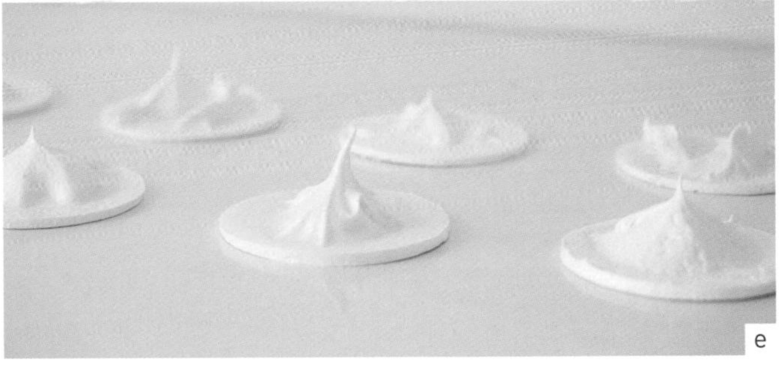
e

《鳥巢糖絲》

本書用於：鳥巢花園泡芙塔（p154）

材料

細砂糖 100g
飲用水 10g
沙拉油 4g
白醋 .... 1 滴

作法

1 鍋中放入全部材料，煮成約165-175℃（視需要的色澤調整焦糖化的程度）。（圖 a-b）

TIP 將焦糖鍋放置熱水中讓糖液持續保溫，防止因為變冷而造成糖液凝固。

2 準備一個約直徑 15cm 大小的鋼盆翻至背面，用湯匙撈出150-160℃的糖漿，在鋼盆上纏繞出鳥巢狀的糖絲，冷卻後取下使用。（圖 c）

a

b

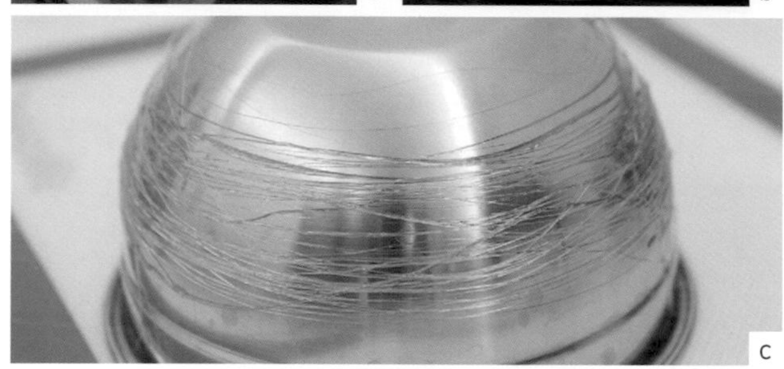
c

製作理想糖絲的成分

添加少許沙拉油可以讓拉出的糖絲在視覺上更油亮，亦可用耐高溫以及沒有味道的油類取代。白醋的用意在於可以增加糖絲的長度以及細度。

利用煮到色澤較深的焦糖，更貼近鳥巢真實模樣。

《微波蛋糕》

本書用於：ZEN 抹茶優格慕斯塔（p186）

材料

全蛋 .... 1 個
細砂糖 20g
葡萄糖漿 50g

低筋麵粉 20g
抹茶粉
（或其他顏色的風味粉）..... 2g
泡打粉 2g

作法

1 將全蛋、砂糖、葡萄糖漿以高速打發，再加入過篩的低筋麵粉、抹茶粉、泡打粉，使用刮刀切拌至無粉類結塊。（圖 a-c）

TIP 使用微波爐製作蛋糕，葡萄糖漿的比例較高，原因在於微波爐的原理是靠水分震動，單純只用砂糖會較為乾硬，適當取代成葡萄糖漿能夠使蛋糕更柔軟。

2 將麵糊倒入高紙杯中。（圖 d）

3 用微波爐強火加熱 50-75 秒至有香味即可。取出後倒扣底部，使用小刀劃十字，散熱後取出。（圖 e-f）

將微波蛋糕捏成小塊，
仿製出草叢的模樣。

CHAPTER 02

暖色系

WARM COLOR

《實作篇》

RED

覆盆子肥德蓮

玫瑰莓果荔枝慕斯

草莓塔克

玫瑰騎士慕斯蛋糕

紅花花慕斯蛋糕

水果香檳凍

YELLOW

雪球餅乾

柚香檬老奶奶蛋糕

檸檬啾啾布列塔尼

Okinawa 熱帶慕斯蛋糕

Minimal 2 焦糖榛果蛋糕

黃點點慕斯蛋糕

BROWN

栗子巧克力費南雪

伯爵肥德蓮

栗子夾心餅乾

鳥巢花園泡芙塔

覆盆子肥德蓮

Raspberry Madeleine

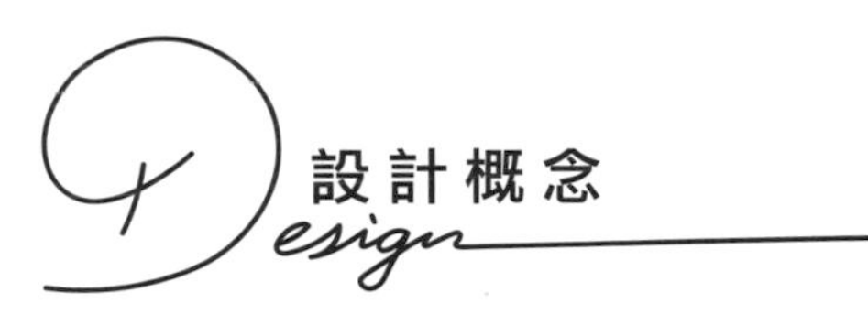

有時在家裡聚會時，用小貝殼造型的瑪德蓮當作點心招待朋友再合適不過了。直接單顆品嚐，或者換個組裝方式，擠上奶油霜、點綴玫瑰花瓣等，就能讓樸實的瑪德蓮變身成餐桌上的亮點。

難易度 ★★

製作時間 1-2H（麵糊需冷藏一夜）

完成份量 24 顆

模具 貝殼瑪德蓮烤模，30cm×20cm / 12 孔
（本配方使用迷你貝殼的千代田模具）

材料

① 覆盆子瑪德蓮

低筋麵粉 53g
泡打粉 1.5g
覆盆子粉 8g
鹽 .... 適量

無鹽奶油 58g
牛奶 2g

全蛋 .... 1 顆
上白糖 60g

② 覆盆子奶油醬

無鹽奶油 300g
覆盆子粉 9g

飲用水 54g
上白糖 135g

蛋黃 60g
香草莢（取籽）........... 半根

③ 裝飾（可省略）

食用玫瑰花瓣 .... 適量
鏡面果膠 .... 適量

建議製作順序

製作 ①〈覆盆子瑪德蓮麵糊〉冷藏一夜
➡ 製作 ②〈覆盆子奶油醬〉
➡ 烘烤 ①〈覆盆子瑪德蓮〉
➡ 組裝・裝飾

作法

① 覆盆子瑪德蓮

1. 事先將低筋麵粉、泡打粉、覆盆子粉、鹽混合過篩。無鹽奶油、牛奶隔水加熱至 50-60℃並且維持溫度。（圖 A）
2. 將全蛋、上白糖均勻混合並加熱至 22-25℃。（圖 B）
3. 接著分次倒入步驟 1 過篩好的粉類拌勻，直到無結塊。（圖 C）
   TIP 使用桌上型攪拌機時，請使用槳形器具。
4. 再分次加入步驟 1 的油類拌勻即可。冷藏靜置一晚。（圖 D）
5. 麵糊使用前回溫至 25℃，裝入擠花袋中，擠入模具約 9-9.5 分滿。（圖 E）
   TIP 建議使用模具前，先刷上薄薄的一層奶油。如果你的模具烤完後容易沾黏，記得刷完奶油後還要撒上麵粉。
6. 放入預熱好的烤箱中，以 200℃烘烤約 3-4 分鐘，再降溫至 190℃烤 8-9 分鐘即完成。（圖 F）

A	B	C
D	E	F

② 覆盆子奶油醬

1 事先將覆盆子粉過篩。將恢復室溫的無鹽奶油用電動打蛋器打軟，再加入覆盆子粉一起拌勻成奶油霜備用，完成溫度約 18-20℃。（圖 G）

TIP 此階段的無鹽奶油不需要打發或打得太滑順，以免影響後續的操作。

2 製作炸彈麵糊：將水、上白糖放入鍋中煮。蛋黃、香草籽輕輕打散混合均勻。等待糖漿的溫度到達約 116-118℃時，將蛋黃高速打發，再慢慢倒入糖漿（圖 H），持續打發到質地光滑並且降溫至 38-42℃。

TIP 糖漿的溫度很高，可以沿著鋼盆的邊緣緩緩倒入，糖漿較不易噴濺。

3 將步驟 2 的炸彈麵糊分三次加入步驟 1 的奶油霜，以低速持續打發到光滑均勻即可。（圖 I）

TIP 此配方為炸彈麵糊＋奶油霜，炸彈麵糊的基底是將蛋黃經過高溫殺菌加入奶油霜混合而成，口感濃郁、適合擠花塑形。

③ 組裝・裝飾

1 取三個①**覆盆子瑪德蓮**。將②**覆盆子奶油醬**放入擠花袋中、裝上星形花嘴。

2 先擠一點覆盆子奶油醬將三個瑪德蓮黏起來後，由下往上擠三條填補空隙，中間再擠出玫瑰花的形狀。（圖 J-L）

3 最後上方可依喜好用食用玫瑰花瓣裝飾，並點上鏡面果膠呈現露水的效果。

G	H	I
J	K	L

COLUMN

專欄

如何製作一顆
完美瑪德蓮

麵糊為什麼要冷藏鬆弛？

麵糊經過均勻攪拌會產生筋性，冷藏 6-8 小時可以使麵糊、奶油以及食材風味更加融合，並且達到鬆弛麵糊的目的。要注意**加泡打粉的麵糊，必須在一天內烘烤完成，否則泡打粉逐漸失效就不會有漂亮的肚臍。**

冷藏鬆弛後的麵糊需要經過回溫至約 25-26℃才能夠進烤箱。首先，冰冷的麵糊流動性不佳，擠入模具時較難操作，瑪德蓮的模具是貝殼造型，流動性不佳的麵糊難以填滿細縫，很容易造成空洞。再者，沒有經過回溫的麵糊，很容易因為表面受熱後和內部冰冷麵糊的溫差太大，在肚臍產生爆漿的狀態。

瑪德蓮可以當天現做現烤嗎？

現做現烤現吃的瑪德蓮外酥內軟，建議當天食用完畢口感較佳，因為麵糊沒有經過適當鬆弛，隔天再品嚐時就會較硬，但好處是現做現烤不容易爆漿，因麵糊操作完成的溫度剛好會在 25-26℃之間。

如何烤出有完美肚臍的瑪德蓮？

要如何烤出完美肚臍一直以來都是很多人在意的問題。但沒有漂亮的肚臍也不代表就是失敗的瑪德蓮。肚臍的產生只是因為貝殼造型的模具經過短時間高溫烘烤，擠壓出隆起的形狀而已。**要烤出心目中所追求的理想肚臍，最重要的關鍵在於溫度，還有建議要使用有泡打粉的配方，比較容易成功。**

泡打粉約在 50℃會開始起作用，跟麵糊結合的同時就會因為奶油的操作溫度開始作用，但為了讓麵糊風味更融合，所以需要透過冷藏來減緩泡打粉漸漸失效的時間。

再來，泡打粉在配方中扮演的角色就是「膨脹」，有加泡打粉的配方和沒有加泡打粉的配方兩者來做比較，有加的肚臍突起明顯、口感上較為鬆軟，沒有加的只會稍微隆起，口感上相對扎實。

此外就是烘烤的時間、溫度，也會影響肚臍的形狀。肚臍的形狀分為兩種：「尖肚臍」與「圓肚臍」。**如果想要尖肚臍，在第一階段的高烤溫時間拉長，降低烤溫的第二階段再補足剩下的烘烤時間。較為肥寬的圓肚臍則是在第一階段高烤溫時縮短時間，第二階段降溫的烘烤時間拉長。**

兩者之間的差異在於第一階段高溫烘烤的時間。尖肚臍的第一階段烘烤時間久，烤模邊緣麵糊經過高溫變熟後，未熟的麵糊被往中間擠壓，因此肚臍變得比較尖。圓肚臍的第一階段烘烤時間相對短，烤模邊緣的麵糊尚未完全烤熟，因此內部的麵糊有空間向上膨脹，產生較為肥寬的形狀。但不論是尖的還是圓的或是沒有肚臍的形狀，都不會影響瑪德蓮的美味。

玫瑰莓果荔枝慕斯

Rose, Berry & Lychee Mousse

難易度 ★★

製作時間 4-6H（含冷凍冷藏的時間）

完成份量 （Φ5cm×H11cm 透明直杯）× 約 15-18 杯

設計概念

杯裝甜點很適合用於宴會招待客人，一人一杯單獨享用。如果沒有烤箱也可以使用市售的餅乾捏碎，這樣只需要冰箱就可以完成。若手邊有漂亮的玻璃杯可以試著製作看看，不同顏色的排列跟裝飾能創造出不一樣的視覺風格。

材料

① 玫瑰荔枝慕斯

- 荔枝果泥 ………… 140g
- 覆盆子果泥 ………… 100g
- 荔枝酒 ………… 10g
- 吉利丁塊 ………… 40g
- 動物性鮮奶油 35% ………… 300g
- 無糖玫瑰花瓣醬 ………… 40g
- 義式蛋白霜 ………… 取 160g
  - 蛋白（冷藏）………… 90g
  - 細砂糖 ………… 126g
  - 海藻糖 ………… 30g
  - 飲用水 ………… 30g

② 草莓果凍

- 飲用水 ………… 600g
- 草莓果泥 ………… 153g
- PG-19 果凍粉 ………… 7g
- 細砂糖 ………… 100g
- 草莓利口酒 ………… 7g
- 檸檬汁 ………… 10g

③ 牛奶凍

- 飲用水 ………… 112g
- 牛奶 ………… 168g
- 動物性鮮奶油 35% ………… 140g
- PG-19 果凍粉 ………… 4.3g
- 細砂糖 ………… 56g
- 海藻糖 ………… 20g

④ 脆層

- 中筋麵粉 ………… 55g
- 純糖粉 ………… 55g
- 杏仁粉 ………… 55g
- 無鹽奶油 ………… 55g

⑤ 裝飾

- 草莓 ………… 適量
- 巧克力條（市售品）………… 適量

建議製作順序

製作 ④〈脆層〉➡ 製作 ①〈玫瑰荔枝慕斯〉

➡ 製作 ②〈草莓果凍〉➡ 製作 ③〈牛奶凍〉➡ 組裝．裝飾

作法

① 玫瑰荔枝慕斯

1 把荔枝果泥、覆盆子果泥、荔枝酒煮至60-70℃，稍微降溫後，加入已微波加熱至融化的吉利丁塊攪拌均勻，繼續降溫至24-26℃，備用。

TIP 吉利丁溶液：將吉利丁塊（吉利丁粉：水＝1：5的比例混合加熱後冷藏成塊）取出需要的量，微波加熱至融化。

2 鮮奶油打發至6-7分，加入無糖玫瑰花瓣醬，混拌均勻，備用。

3 製作義式蛋白霜：取配方中少部分的糖（細砂糖、海藻糖）加入冰的蛋白當中。將剩下的糖和水混合倒入鍋中開始煮，大約等到糖漿溫度到達110℃左右的同時，用電動打蛋器打發蛋白，以中速打至濕性發泡。

TIP 開始打發前先取少量的糖放入蛋白中，可以穩定蛋白霜。

4 當糖漿溫度到達118℃時，把打發蛋白的電動打蛋器轉到高速，糖漿以細絲狀慢慢倒入鋼盆邊緣，持續打發到用手摸鋼盆外側微溫即可，打發速度為高速→中速→低速。

TIP 如果蛋白霜已經呈濕性發泡，但糖漿還沒到達118℃，可以先轉為中慢速攪拌。

5 取160g義式蛋白霜，加上步驟1的荔枝覆盆子果泥混合，再加入步驟2的打發玫瑰花瓣鮮奶油拌勻。（圖A）

---

② 草莓果凍

1 將飲用水、草莓果泥煮至35℃時，加入已混合均匀的PG-19果凍粉與細砂糖。（圖B）

TIP 建議分次製作，因為PG-19果凍粉在室溫下就會開始凝固，如果一次製作大量，當操作速度不夠快時，容易因凝固而不好操作。

2 繼續煮到快沸騰前離火，加入草莓利口酒、檸檬汁攪拌均勻，冷卻備用。

TIP PG-19果凍粉在常溫下就會凝固，必須趁果凍凝固前盡速完成組裝。

---

③ 牛奶凍

1 將飲用水、牛奶、動物性鮮奶油煮至35℃時，加入混勻的PG-19果凍粉、細砂糖、海藻糖。（圖C）

2 繼續煮到快沸騰前離火，倒入淺盤冷卻備用。

④ **脆層**

1 事先將中筋麵粉、糖粉、杏仁粉過篩，冷藏無鹽奶油切成小丁狀。

2 使用食物調理機將全部材料打至奶粉沙狀。

3 平鋪在網洞烤盤墊上，放入預熱好的烤箱中以 170℃烤 15-18 分鐘。

⑤ **組裝・裝飾**

1 先使用花嘴將①**玫瑰荔枝慕斯**擠入杯中約 1/3 的高度。（圖 D）

2 再趁②**草莓果凍**凝固前，倒入杯子高度的一半位置。（圖 E）

3 接著放入一層③**牛奶凍**。

4 最後將④**脆層**弄碎加進去（圖 F），依喜好擺上新鮮草莓與巧克力裝飾即完成。

A	B	C
D	E	F

草莓塔克

Strawberry Tart

每年來到草莓季，不外乎一定要開發關於草莓的甜點，
而草莓塔的魅力無人能敵、老少咸宜。
利用不同造型的網洞塔圈，即便以同樣的草莓裝飾在上方，
也會產生截然不同的感覺。如果手邊有不同顏色的草莓，
像是日本的白草莓、淡雪等等作為裝飾，視覺效果也很不錯。

Strawberry Tart

難易度	製作時間	完成份量	模具
★★★★	6H	8cm 圓 形 ×2 個 7cm 正方形 ×2 個 10cm 六角形 ×2 個	Φ8cm 圓形網洞塔圈 7cm 正方形網洞塔圈 10cm 六角形網洞塔圈

材料

① 沙布列塔皮

- 無鹽奶油 ………… 140g
- 低筋麵粉 ………… 140g
- 高筋麵粉 ………… 140g
- 杏仁粉 ………… 40g
- 純糖粉 ………… 110g
- 鹽 ………… 1g
- 全蛋 ………… 50g

② 九層塔柚子青醬

- 九層塔 ………… 50g
- 杏仁膏 ………… 6g
- 冰塊 ………… 適量
- 柚子橄欖油 ………… 30g
- 轉化糖漿 ………… 8g
- 柚子汁 ………… 6g

③ 香草馬斯卡彭起司餡

- 馬斯卡彭起司 ………… 128g
- 香草醬 ………… 1 茶匙
- 細砂糖 ………… 22g
- 柚子汁 ………… 36g
- 動物性鮮奶油 35% ………… 57g

④ 杏仁奶油餡

- 無鹽奶油 ………… 45g
- 純糖粉 ………… 45g
- 杏仁粉 ………… 45g
- 玉米粉 ………… 4g
- 全蛋 ………… 30g

⑤ 柚子果凍（可省略）

- 飲用水 ………… 141g
- 氣泡酒 ………… 87g
- 細砂糖 ………… 62g
- PG-19 果凍粉 ………… 3.5g
- 柚子汁 ………… 17g

⑥ 裝飾

- 新鮮草莓 ………… 適量
- 薄荷葉（可省略）………… 適量
- 翻糖小花（可省略）………… 適量
  （作法參考 p236）
- 蛋液 ………… 適量

*蛋液＝蛋黃 100g ＋鮮奶油 15g

建議製作順序

製作 ①〈沙布列塔皮〉冷凍鬆弛 ➡ 製作 ②〈九層塔柚子青醬〉

➡ 塔皮入模冷藏 ➡ 製作 ③〈香草馬斯卡彭起司餡〉

➡ 塔殼烘烤 ➡ 製作 ④〈杏仁奶油餡〉

➡ 塔殼填入 ④〈杏仁奶油餡〉+ 草莓切片 ➡ 烘烤

➡ 製作 ⑤〈柚子果凍〉➡ 組裝・裝飾

作法

① 沙布列塔皮

1 事先將無鹽奶油切成小丁狀，冷藏備用。

2 將低筋麵粉、高筋麵粉、杏仁粉、糖粉、鹽過篩至鋼盆中，加入冷藏無鹽奶油，使用桌上型攪拌機（槳形）慢速打至約略淡黃色的奶粉狀。

3 慢慢加入蛋液，維持慢速攪打至麵團大致成團。

TIP 加完蛋液後不會立即成團，需持續慢速攪拌，這時候不要額外再加蛋液進去，以免過於濕潤。

4 放入塑膠袋裡面整形，並擀成 0.2cm 的厚度。冷凍鬆弛 30-60 分鐘。

5 依照所需的量，將塔皮切割成寬度約 2.2cm 的長條形側邊（圖 A），以及比模具小 0.4-0.5cm 的底部。將塔皮入模，先圍邊再入底（圖 B-D），之後再將多餘的塔皮以斜切（內高外低）的方式去除（圖 E-F）。放入冰箱冷藏 30-60 分鐘。

A	B	C
D	E	F

② 九層塔柚子青醬

1 將九層塔、杏仁膏、冰塊放入食物調理機中（圖 G），大致打碎後平鋪在鋪有紙巾的容器上，等待冰塊融化再使用。

TIP

- 打碎葉菜類的食材時加一些冰塊可以保持葉綠素，顏色較好看。
- 九層塔香氣濃郁，也可以使用甜羅勒取代，口感較為清爽；杏仁膏在這邊的用途是增加堅果香氣，就如同義大利麵中的青醬，如果手邊沒有杏仁膏，松子等堅果類食材也是不錯的選擇。

2 將柚子橄欖油、轉化糖漿、柚子汁、步驟 1 的九層塔拌勻即可。（圖 H）

TIP 如果沒有柚子風味的橄欖油，請選擇沒有味道的油類取代。

③ 香草馬斯卡彭起司餡

1 馬斯卡彭起司、香草醬、砂糖、柚子汁用電動打蛋器攪拌均勻。（圖 I）

TIP 香草醬可以用約 1/3 根香草莢的籽取代。

2 打發鮮奶油至約 7-8 分發。（圖 J）

3 將步驟 1、2 拌勻。（圖 K-L）

TIP 用切拌的方式攪拌，保持輕盈口感。

G	H	I
J	K	L

④ 杏仁奶油餡

1 事先將無鹽奶油從冰箱取出放到軟化，溫度約 22-24℃。

TIP 台灣天氣熱，通常不開冷氣時室溫大概都在 30℃ 上下，在此溫度下無鹽奶油很容易變得太軟，可以使用溫度計測量，或者將手指輕輕壓下去有痕跡即可。

2 使用電動打蛋器將無鹽奶油打軟，加入過篩的糖粉繼續操作至呈絨毛狀，接著加入過篩的玉米粉、杏仁粉，用刮刀拌勻，最後分次加入打散的蛋液，攪拌至乳化均勻即可。（圖 M）

TIP 使用玉米粉可增加蓬鬆度，如手邊沒有玉米粉可以省略。

⑤ 柚子果凍（可省略）

1 細砂糖、PG-19 果凍粉事先混合均勻。

TIP PG-19 是日本伊那寒天公司的產品，是一種強調不離水、透明度高的果凍粉。通常粉類的凝固劑需要砂糖作為載體，直接加入液體當中容易結塊。

2 飲用水、氣泡酒煮至約 35-40℃ 時，加入步驟 1，全程用打蛋器持續混合（圖 N），煮到沸騰前關小火，加入柚子汁混勻（圖 O），倒入鋪有不沾布的鐵盤中震平，放至凝固。

⑥ 組裝・裝飾

1 將①**沙布列塔皮**放入預熱好的烤箱中，以 150-160℃／20 分鐘盲烤完出爐後，內側刷蛋液，填入④**杏仁奶油餡**、草莓切片，再進烤箱以 150-160℃烘烤 20-30 分鐘。（圖 P）

TIP 圓形、方形約 25g 杏仁奶油餡＋ 4 片薄片草莓；六角形約 30g 杏仁奶油餡＋ 7 片薄片草莓。

2 出爐後脫模，表面刷蛋液，再進烤箱以 150-160℃烘烤 5-8 分鐘，將蛋液烤乾即可。（圖 Q）

3 散熱後，塗上②**九層塔柚子青醬**，一個約 3g。（圖 R）

4 填入③**香草馬斯卡彭起司餡**：圓形、方形約 20g，六角形約 35g。（圖 S）

5 最後擺上洗淨擦乾的草莓，依喜好將做好的⑤**柚子果凍**裁切下需要的大小，鋪到草莓上方，再以薄荷葉、翻糖小花等裝飾即可。（圖 T）

M	N
O	P

Q
R
S
T

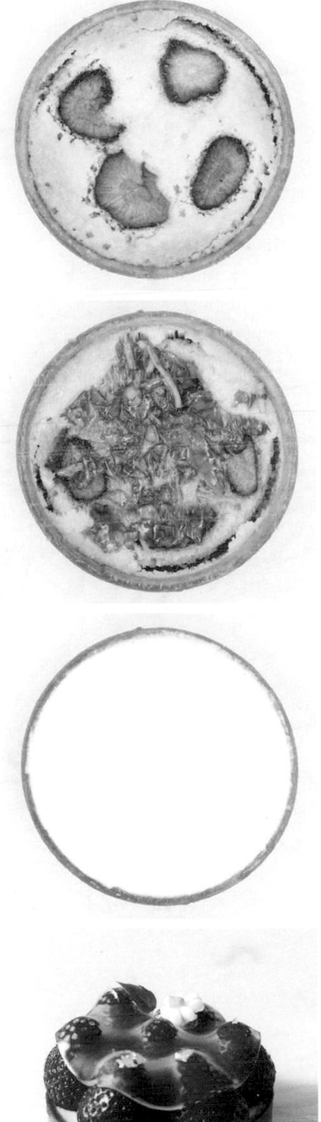

玫瑰騎士
慕斯蛋糕

Rose Knight Mousse Cake

玫瑰騎士的靈感來自於某部電影。
蛋糕上的覆盆子和玫瑰花瓣、糖絲裝飾，
代表著一個披著披風的騎士拿著一柄長長的劍；
另一邊的彎月形則象徵著邪惡勢力。
所以這是敘述一個勇敢騎士為了救出心愛的人對抗壞蛋的愛情故事。
最後的結局可想而知，當然是正義的一方獲得勝利。
甜點創作就像這樣，有時天馬行空的想像能為作品帶來全新的感受。

Rose Knight Mousse Cake

難易度 ★★★★

製作時間 6-8H

完成份量 （Φ15cm×H5cm）×2 個

模具
覆盆子庫利：自製模具（Φ12cm×H1.5cm 中空模＋3 吋慕絲圈＋長條塑膠片）
荔枝庫利：Φ12cm×H1cm 中空模
脆層：Φ16cm 圓形模具
紅絲絨杏仁海綿蛋糕：L60cm×H40cm 藍鋼烤盤＋矽膠墊
組裝：Φ16cm×H4cm 圓形模具（內圈圍慕斯塑膠片）

材料

① 覆盆子庫利

- 覆盆子果泥 100g
- 細砂糖 30g
- 轉化糖漿 10g
- 吉利丁塊 30g

② 荔枝庫利

- 荔枝果泥 150g
- 轉化糖漿 5g
- 吉利丁塊 25g
- 荔枝利口酒 5g
- 荔枝肉 60g

③ 脆層

- 中筋麵粉 55g
- 純糖粉 55g
- 杏仁粉 55g
- 無鹽奶油 55g

④ 玫瑰慕斯

- 牛奶 110g
- 轉化糖漿 10g
- 吉利丁塊 50g
- 無糖玫瑰花瓣泥 30g
- 動物性鮮奶油 35% 340g
- 義式蛋白霜 .... 取 70g
  - 蛋白（冷藏） 90g
  - 細砂糖 126g
  - 海藻糖 30g
  - 飲用水 30g

⑤ 紅絲絨杏仁海綿蛋糕

- 低筋麵粉 36g
- 無糖可可粉 12g
- 純糖粉 99g
- 杏仁粉 180g
- 全蛋 252g
- 紅色色膏 15g
- 蛋白 180g
- 細砂糖 99g

⑥ 裝飾（可省略）

- 鏡面果膠 .... 適量
- 愛素糖片 .... 適量
（作法參考 p54）
- 覆盆子 .... 適量
- 食用玫瑰花瓣 .... 適量

建議製作順序

製作 ①〈覆盆子庫利〉冷凍 ➡ 製作 ②〈荔枝庫利〉冷凍

➡ 製作 ③〈脆層〉

➡ 製作 ⑤〈紅絲絨杏仁海綿蛋糕〉

➡ 製作 ④〈玫瑰慕斯〉➡ 組裝 · 裝飾

作法

① 覆盆子庫利

1 覆盆子果泥、細砂糖、轉化糖漿加熱至 50-60℃，倒入已微波加熱至融化的吉利丁塊，攪拌均勻，降溫至 22-24℃。（圖 A）

2 取 50g 倒入底部鋪有保鮮膜的自製模具中，冷凍（共做 2 個）。（圖 B）

TIP 自製模具是以 Φ12cm×H1.5cm 中空模＋ 3 吋慕絲圈＋長條塑膠片做出的彎月形狀。底部的保鮮膜要拉平，做出來的庫利表面才會光滑。

---

② 荔枝庫利

1 荔枝果泥、轉化糖漿加熱至 50-60℃，倒入已微波加熱至融化的吉利丁塊、荔枝利口酒，攪拌均勻，降溫至 22-24℃。

2 取 75g 倒入底部鋪有保鮮膜的 Φ12cm×H1cm 中空模中，並鋪上荔枝肉 30g，冷凍（共做 2 個）。（圖 C）

---

③ 脆層

1 事先將中筋麵粉、糖粉、杏仁粉過篩，冷藏無鹽奶油切成小丁狀。

2 使用食物調理機將全部材料打至奶粉沙狀。

3 取 100g 倒入 Φ16cm 圓形模具，利用湯匙壓平壓緊實，連同模具放入預熱好的烤箱中，以 170℃烘烤 15-18 分鐘。

A | B | C

④ 玫瑰慕斯

1 牛奶、轉化糖漿煮至沸騰，稍微降溫後，加入已微波加熱至融化的吉利丁塊拌勻，繼續降溫至 24-26℃，加入無糖玫瑰花瓣泥混合，備用。

2 鮮奶油打發至 6-7 分發，備用。

3 製作義式蛋白霜：取配方中少部分的糖加入冰蛋白當中。將剩下的糖（細砂糖、海藻糖）和水混合倒入鍋中，煮到 110℃左右時，開始打發蛋白，以中速打至濕性發泡。當糖漿溫度到達 118℃時，蛋白霜轉到高速打發，把糖漿以細絲狀慢慢倒入鋼盆邊緣，持續打發至用手摸鋼盆外側微溫即可，打發速度為高速→中速→低速。

TIP
- 取少量的糖加入蛋白中，可以穩定蛋白霜。
- 如果蛋白霜已經打到濕性發泡，但糖漿溫度還沒到達，可以先轉為中慢速攪拌。

4 取 70g 義式蛋白霜，加上步驟 1 的玫瑰牛奶液切拌混合，再加入步驟 2 的打發鮮奶油混勻。（圖 D-E）

⑤ 紅絲絨杏仁海綿蛋糕

1 事先將低筋麵粉、無糖可可粉過篩，備用。

2 將杏仁粉、糖粉過篩至鋼盆，加入全蛋，使用打蛋器打至顏色泛白，並且加入紅色色膏，拌勻。

TIP 紅絲絨蛋糕最著名的部分就是它的顏色，如果只使用紅色色膏，烘烤出來會是亮紅色，必須使用可可粉來調和成正紅色。

3 製作蛋白霜：砂糖分三次加入蛋白中，打發至舉起打蛋器，前端呈現小彎勾的狀態。

TIP 打發速度：高→中→低（最後轉低速讓氣泡細緻，烤出來的蛋糕體氣孔才會比較小）。

4 取 1/3 的蛋白霜加入步驟 2 混合，並分三次加入步驟 1 的粉類，以刮刀切拌至無粉類殘留，最後加入剩餘的 2/3 蛋白霜切拌均勻。

5 將麵糊倒到烤盤上，大致平鋪後使用長尺輔助刮平。放入預熱好的烤箱中，以 180℃烘烤 15-18 分鐘。（圖 F）

D | E | F

⑥ 組裝・裝飾

1 將冷凍的①**覆盆子庫利**與②**荔枝庫利**脫模取出；⑤**紅絲絨杏仁海綿蛋糕**切割成 Φ16cm 圓形。（圖 G）

2 使用倒裝法，先將①**覆盆子庫利**入模，用擠花袋填入 150g 的④**玫瑰慕斯**後，放入②**荔枝庫利**，繼續填入 130g 的④**玫瑰慕斯**，並利用湯匙將慕斯填滿側面避免有空洞。接著放上③**脆層**，以及⑤**紅絲絨杏仁海綿蛋糕**，冷凍後脫模。（圖 H-K）

3 脫模後，蛋糕轉正。把剩餘的紅絲絨杏仁海綿蛋糕切割成適當大小的長條狀，圍在蛋糕主體旁邊。

TIP 大約切成 4-5cm 寬，依蛋糕的高度切割。

4 蛋糕上方抹適量的鏡面果膠，再用玫瑰花瓣、覆盆子、愛素糖片裝飾。（圖 L）

G	H	I
J	K	L

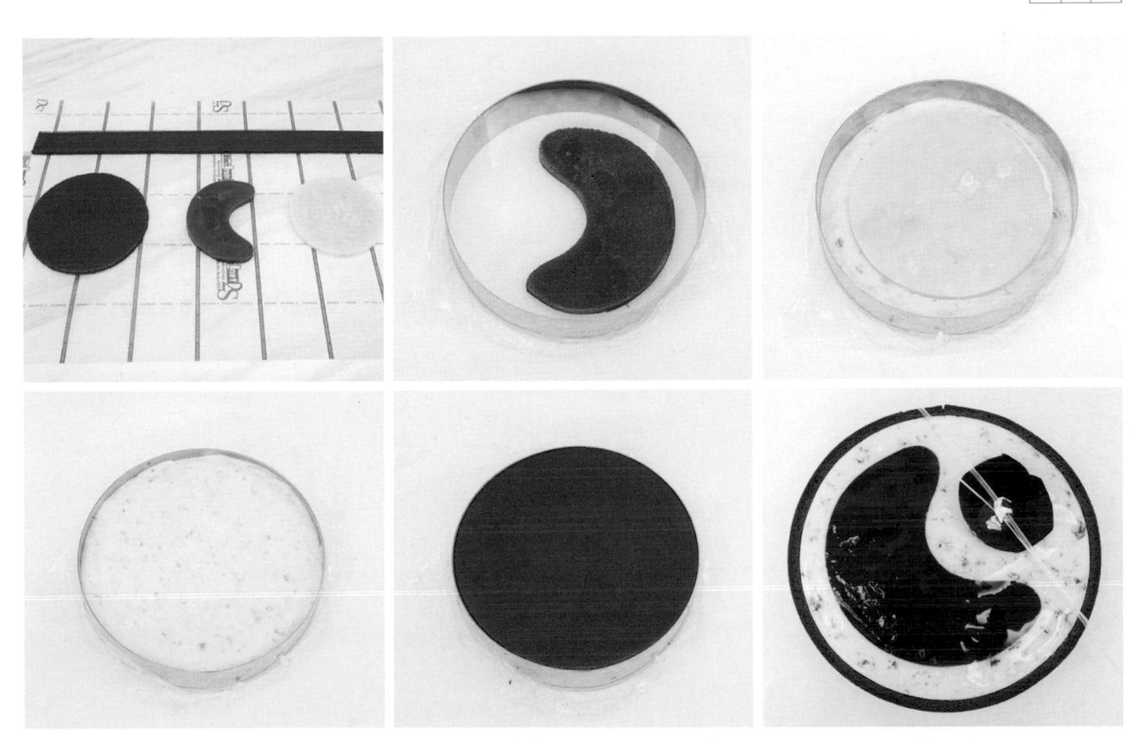

紅花花
慕斯蛋糕

Red Flower Mousse Cake

這是我升格為母親後所設計的第一個母親節蛋糕。
造型上，選擇代表母親意象的花做為靈感，
為避免落於俗套而採用簡約的花形；
口味則選用紅色水果搭配帶有佛手柑香氣的伯爵茶。
感謝母親一直以來對子女的愛以及包容，讓這份愛永久流傳。

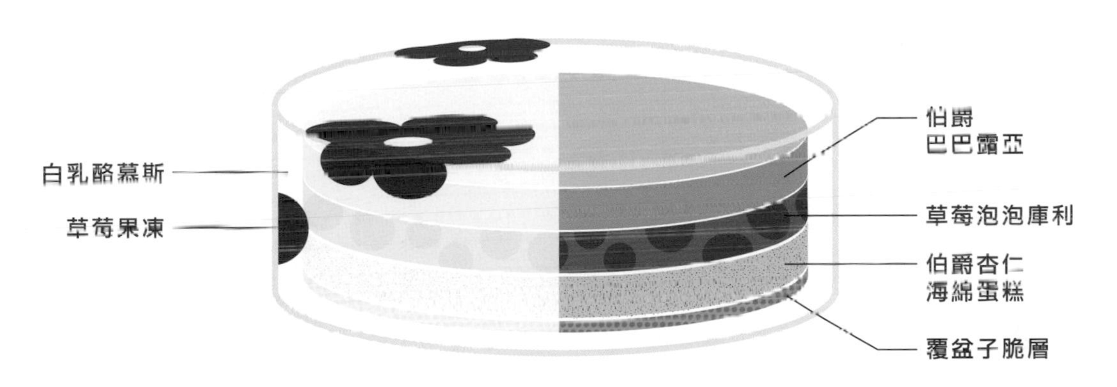

Red Flower Mousse Cake

難 易 度
★★★★

製作時間
6-8H

完成份量
Φ15cm×H5cm
×2 個

模　　具

覆盆子脆層：Φ12cm 圓形模具
伯爵杏仁海綿蛋糕：L60cm×H40cm 烤盤＋矽膠墊、Φ12cm 圓形模具
草莓果凍：20cm×20cm 鐵盤
草莓泡泡庫利：Φ12cm×H1.5cm 慕斯圈
伯爵巴巴露亞：Φ12cm×H1cm 矽膠模具
組裝：花型切割器、Φ15cm 圓形模具、
Φ15cm×H5cm 圓形模具（內圈圍慕斯塑膠片）

材料

① 覆盆子脆層

- 高筋麵粉 ………… 108g
- cassonade 鸚鵡糖 ……. 90g
- 無鹽奶油 ………… 90g
- 巴瑞脆片 ………… 36g
- 調溫白巧克力 32% ……. 15g
- 可可脂 ………… 15g
- 覆盆子粉 ………… 2g
- 鹽 ………… 0.5g

② 伯爵杏仁海綿蛋糕

- 低筋麵粉 ………… 110g
- 伯爵茶粉 ………… 10g
- 杏仁粉 ………… 130g
- 純糖粉 ………… 100g
- 全蛋 ………… 165g
- 蛋白 ………… 245g
- 細砂糖 ………… 120g

③ 草莓果凍

- 草莓果泥 ………… 150g
- 飲用水 ………… 20g
- 葡萄糖漿 ………… 25g
- PG-19 果凍粉 ………… 4g
- 海藻糖 ………… 5g

＊ PG-19 是日本伊那寒天的超強果凍粉。

④ 草莓泡泡庫利

- 草莓果泥 ………… 172g
- 氣泡酒 ………… 86g
- 細砂糖 ………… 10g
- NH 果膠粉 ………… 5.4g
- 新鮮草莓或糖漬草莓 … 80g

⑤ 伯爵巴巴露亞

- 牛奶 ………… 90g
- 伯爵茶 ………… 8g
- 蛋黃 ………… 26g
- 細砂糖 ………… 12g
- 吉利丁塊 ………… 12g
- 動物性鮮奶油 35% …… 90g

⑥ 白乳酪慕斯

- 義式蛋白霜 ………… 取 150g
  - 蛋白（冷藏）………… 60g
  - 細砂糖 ………… 85g
  - 海藻糖 ………… 35g
  - 飲用水 ………… 適量
- 白乳酪 Fromage Blanc .. 156g
- 吉利丁塊 ………… 36g
- 動物性鮮奶油 35% ……… 192g

⑦ 透明淋面

- 細砂糖 ………… 450g
- 葡萄糖漿 ………… 300g
- 飲用水 ………… 175g
- 吉利丁塊 ………… 120g

建議製作順序

製作 ⑦〈透明淋面〉冷藏隔夜 ➡ 製作 ①〈覆盆子脆層〉

➡ 製作 ②〈伯爵杏仁海綿蛋糕〉➡ 製作 ④〈草莓泡泡庫利〉冷凍 ➡ 製作 ③〈草莓果凍〉

➡ 製作 ⑤〈伯爵巴巴露亞〉冷凍 ➡ 組裝 ④〈草莓泡泡庫利〉＋ ⑤〈伯爵巴巴露亞〉冷凍

➡ 組裝 ①〈覆盆子脆層〉＋ ②〈伯爵杏仁海綿蛋糕〉冷凍

➡ ③〈草莓果凍〉切割花型 ➡ 製作 ⑥〈白乳酪慕斯〉 ➡ 組裝 · 淋面

作法

① 覆盆子脆層

1 將冷藏無鹽奶油切小丁狀，和高筋麵粉、cassonade 黝鵡糖、巴瑞脆片放入食物調理機中，攪拌至大致成團。

2 均勻鋪在烘焙紙上，放入預熱好的烤箱中，以 165℃烘烤 10-11 分鐘。

3 散熱完，用食物調理機打碎至粗沙狀。

TIP 此完成狀態稱為「酥菠蘿」，基本食材為奶油、糖、麵粉，可用於製作脆層、塔皮或增加內餡口感。

4 將調溫白巧克力、可可脂融化至 40℃，加入 100g 步驟 3、覆盆子粉、鹽拌勻。取約 60g 入模至 Φ12cm 圓形模具，鋪平整，備用。（圖 A）

② 伯爵杏仁海綿蛋糕

1 事先將低筋麵粉、伯爵茶粉過篩，備用。

TIP 伯爵茶粉可以先使用磨豆機或食物調理機磨成細粉，口感較佳。

2 將杏仁粉、糖粉過篩至鋼盆，加入全蛋，使用打蛋器打至顏色泛白。

3 製作蛋白霜：砂糖分三次加入蛋白，打發到舉起打蛋器前端為小彎勾狀態。

TIP 蛋白打發前先加入配方中少許的砂糖，增加蛋白的穩定度。打發蛋白霜的速度：高→中→低（最後轉低速讓氣泡細緻，烤出來的蛋糕體氣孔才會比較小）。

4 取 1/3 的蛋白霜加入步驟 2，並分三次加入步驟 1 的粉類，以刮刀切拌至無粉類殘留，最後加入剩餘的 2/3 蛋白霜切拌均勻。

TIP 將步驟 2（杏仁粉、糖粉、全蛋）和蛋白霜混合到稍微還可以看到黃白色的狀態時，就可以加入粉類，避免過度攪拌導致消泡。

5 將麵糊倒入烤盤（上面鋪矽膠墊），大致平鋪後用長尺刮平，放入預熱好的烤箱中，以 180℃烘烤 15-18 分鐘。散熱後，用 Φ12cm 圓形模具切割，備用。（圖 B）

③ 草莓果凍

1 將草莓果泥、飲用水、葡萄糖漿放入鍋中，煮至約 35-40℃，加入 PG-19 果凍粉和海藻糖。

2 持續拌勻至沸騰前，離火，倒入鐵盤中降溫備用。（圖 C）

TIP 建議可以在鐵盤中鋪上不沾布，利於之後步驟操作。

A
B
C

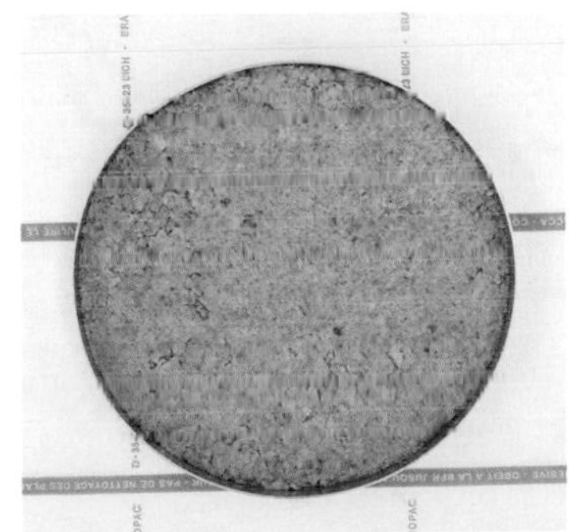

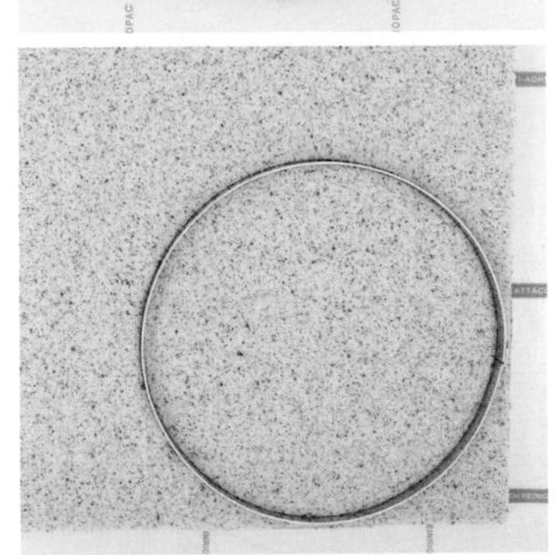

④ 草莓泡泡庫利

1 將細砂糖、NH 果膠粉混合均勻。

TIP 果膠粉必須要有糖類作為載體，否則倒入液體當中容易結塊，無法拌勻。NH 果膠粉可以用黃色果膠粉取代。

2 草莓果泥、氣泡酒放入鍋中煮至 35℃，加入步驟 1，小火煮沸 2 分鐘。（圖 D）

3 接著倒入淺盤，冷藏降溫，使用前取出拌勻。（圖 E）

4 新鮮草莓稍微用打蛋器壓碎，並將汁液濾出，裝入模具，接著倒入步驟 3 的草莓果泥，冷凍。（圖 F-G）

TIP 庫利 Coulis 是一種介於果泥與果汁之間的產品。使用新鮮草莓製作必須 2 天內食用完畢，也可以換成糖漬草莓，延長保存期限。

糖漬草莓 Compotée de fraise

糖漬草莓的製作方式：先將草莓洗淨蒂頭切除，以草莓：砂糖：檸檬汁＝1：0.05：0.03 比例輕拌，冷藏備用。

---

⑤ 伯爵巴巴露亞

1 將牛奶、伯爵茶煮至約 80℃ 後關火，靜置 10-15 分鐘後，撈出茶包，補足牛奶到總量 90g。（圖 H）

2 鮮奶油打至 6-7 分發。

3 蛋黃、細砂糖用打蛋器打至泛白後（圖 I），跟步驟 1 的伯爵牛奶液混合，倒回鍋中煮至 82℃（圖 J），接著加入已微波加熱至融化的吉利丁塊拌勻，並用濾網過篩，降溫至 26-30℃。

TIP 泛白的意思指打發至細砂糖溶解。

4 再加入打發鮮奶油（圖 K），以刮刀切拌後，倒入約 70g 至 Φ12cm 的矽膠模具中，入模冷凍。（圖 L）

D	E	F
G	H	I
J	K	L

⑥ 白乳酪慕斯

1 製作義式蛋白霜：取配方中少部分糖加入冰蛋白當中。將剩下的糖和水混合倒入鍋中，煮到 110℃左右時，開始打發蛋白，以中速打至濕性發泡。當糖漿溫度到達 118℃時，打蛋器轉到高速，將糖漿以細絲狀慢慢倒入鋼盆邊緣，持續打發到用手摸鋼盆外側微溫即可，打發速度為高速→中速→低速。

TIP 先取少量的糖加入蛋白，可以穩定蛋白霜。如果蛋白霜已經濕性發泡，但糖漿溫度還沒到達，可以轉為中低速攪拌。

2 白乳酪使用打蛋器拌匀，加入微波加熱至融化的吉利丁塊。

3 鮮奶油打發至 6-7 分發。

4 將步驟 1 的義式蛋白霜加上步驟 2 的白乳酪混合，再加入打發鮮奶油拌匀。

⑦ 透明淋面

1 細砂糖、葡萄糖漿、水倒入鍋中，煮沸離火後，降溫至約 70℃，加入微波加熱至融化的吉利丁塊，使用均質機均質，冷藏隔天使用，使用前微波回溫至 31-32℃。

TIP

- 冷藏前在液體表面服貼上保鮮膜，可吸附浮上來的氣泡。
- 淋面溫度需要依照慕斯蛋糕實際冷凍溫度調整，如蛋糕體越低溫，淋面溫度就要提高，以免太過於濃稠，導致淋面效果不佳。
- 淋面可回收使用 1-2 次，但氣泡會越來越多，凝固效力也會減弱。

⑧ 組裝・裝飾（倒裝法）

1 準備 Φ15cm×H5cm 圓形模具（內圈圍上慕斯塑膠片）。將③**草莓果凍**用花型切割器切成大、中、小、迷你花，並用花嘴切出中間花蕊。利用 Φ15cm 圓形模具切割出弧角，入模。（圖 M-N）

2 將④**草莓泡泡庫利**和⑤**伯爵巴巴露亞**組合在一起後冷凍。（圖 O）

3 將①**覆盆子脆層**和②**伯爵杏仁海綿蛋糕**組合在一起後冷凍，避免切開時分層。（圖 P）

4 使用倒裝法，在模具內擠入約 180g 的⑥**白乳酪慕斯**，利用湯匙將慕斯填滿，側面避免有空洞。（圖 Q）

5 依序放入⑤**伯爵巴巴露亞**＋④**草莓泡泡庫利**、②**伯爵杏仁海綿蛋糕**＋①**覆盆子脆層**。

6 最後再用⑥**白乳酪慕斯**填滿，冷凍。（圖 R）

TIP 因慕斯較為有空氣感，入模時需注意花朵的圓角不易填補到，如有空洞可用竹籤稍微填補。

7 冷凍後取出，沿著模具劃刀，脫模，並取下慕斯塑膠片。（圖 S）

8 最後淋上⑦**透明淋面**，並用抹刀整平即可。（圖 T-U）

M	N	O
P	Q	R
S	T	U

水果
香檳凍

Champagne Jelly with Fruit

設計概念

採用當季的新鮮水果，
分次將煮沸過的氣泡酒果凍倒入容器裡，
製造出水果漂浮在水中的動感，還能表現出水果的新鮮。
這是一款製作簡單，只需要冰箱就能完成的宴客甜點。

難易度 ★　**製作時間** 1H　**完成份量**（Φ5cm×H11cm）×5-6 個

材料

① 果凍香檳

飲用水	500g
氣泡酒	200g
PG-19 果凍粉	7g
細砂糖	50g
海藻糖	20g
檸檬汁	10g

② 裝飾

草莓、藍莓、葡萄、柳橙（當季或喜歡的水果）	適量
薄荷葉	適量

作法

① 果凍香檳

1 將飲用水、氣泡酒煮至 35℃ 時，加入已混合均勻的 PG-19 果凍粉、細砂糖、海藻糖。

2 續煮到快沸騰前離火，加入檸檬汁拌勻。（圖 A）

TIP PG-19 果凍粉在室溫下就會開始凝固，如需製作大量，建議分次操作。

② 組裝・裝飾

1 事先準備數種水果，在容器中倒入約 30g 的①**果凍香檳**，放入水果等待稍微凝固，製造出漂浮的效果。（圖 B-C）

2 重複步驟 1，層層堆疊，直到完成裝飾。（圖 D-E）

A	B	C
D	E	

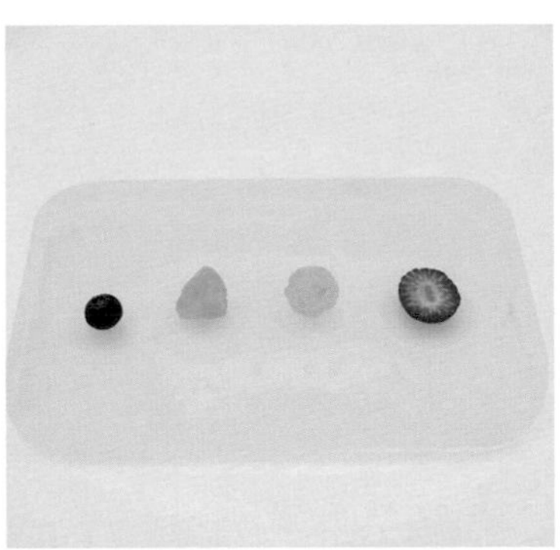

雪球餅乾
（百香果＆香草）

Snowball Cookies

入口即化的雪球餅乾，可以變化多種口味，像是抹茶、可可粉、水果粉等等，也可以在外層撒上不同口味的糖粉。外形上除了滾成圓滾滾的造型，切割成正方形也是不錯選擇。

難易度 ★
製作時間 1-2H
完成份量 約 20-30 個

材料

① 雪球

- 無鹽奶油 ………… 100g
- 三溫糖 ………… 18g
- 脱脂奶粉 ………… 6g
- 雪鹽 ………… 0.8g
- 低筋麵粉 ………… 60g
- 高筋麵粉 ………… 60g
- 杏仁粉 ………… 50g
- 香草莢（去籽）………… 半根

② 裝飾用粉（百香果）

- 防潮糖粉 ………… 100g
- 百香果粉 ………… 15g

③ 裝飾用粉（香草）

- 三溫糖 ………… 50g
- 二次香草莢 ………… 2 根
- 防潮糖粉 ………… 50g

＊二次香草莢：已經去籽使用過的香草莢，曬乾或烘烤乾後再次利用。

建議製作順序

製作 ①〈雪球〉➡ 製作 ②③〈裝飾用粉〉➡ 組裝

作法

① 雪球

1 事先將無鹽奶油室溫軟化約 22-24℃，使用電動打蛋器打軟後加入三溫糖，繼續打發至顏色泛白、體積膨脹為止。（圖 A）
TIP 拌入空氣可增加酥鬆的口感。

2 將脫脂奶粉、低筋麵粉、高筋麵粉、雪鹽、杏仁粉分三次拌入，並使用刮刀拌至無粉類即可。（圖 B）
TIP 若要製作香草口味，於此步驟將半根香草莢中的籽取出，一起拌入。

3 將麵團整形成厚度約 1.5cm 的長方形，裝入塑膠袋冷藏一夜。（圖 C）

4 將冷藏過後的麵團切成寬度約 1.5cm 的長條狀，放入冰箱冷藏定型後，再用刀子分切成每塊長度約 3cm。（圖 D-E）
TIP 完成品為 1.5cm×1.5cm×3cm 的方形。如果要做成圓球狀，就先切成正方形，再搓圓即可。（圖 F-G）

5 放入預熱好的烤箱中，以 150℃ 烘烤約 25-30 分鐘。（圖 H）
TIP 請依據自家烤箱調整時間與溫度。

② 裝飾用粉（百香果）

1 將防潮糖粉、百香果粉混合均勻即可。
TIP 使用冷凍乾燥製成的百香果粉。

③ 裝飾用粉（香草）

1 將三溫糖以及二次香草莢使用食物研磨機製成粉末狀。

2 將步驟 1 加入防潮糖粉充分混勻即可。

④ 組裝

1 **①雪球**出爐後稍微放涼，恢復常溫後大量裹上**②百香果**或**③香草裝飾用粉**，並以細篩網去除餘粉即可。（圖 I）

A	B	C
D	E	F
G	H	I

柚香檬老奶奶蛋糕

Yuzu&Lemon Glazed Cake

檸檬老奶奶蛋糕來自於法國南部盛產檸檬小鎮——蒙頓。每當檸檬採收季節來臨時，各家的老奶奶就會製作簡單、家常的檸檬蛋糕。檸檬加上柚子汁所製成的酸甜糖霜，讓整體風味更加不同。這道甜點也是我母親非常喜愛的一道食譜。

難易度 ★★
製作時間 1-2H
完成份量 4吋圓形 ×2個
模具 4吋中空戚風模

材料

① 檸檬蛋糕

- 檸檬皮 6g
- 上白糖 82g
- 海藻糖 35g
- 全蛋 140g
- 低筋麵粉 115g
- 無鹽奶油 105g

② 柚香檸檬糖霜

- 新鮮檸檬汁 15g
- 柚子汁 15g
- 純糖粉 120g

建議製作順序

製作 ①〈檸檬蛋糕〉➡ 製作 ②〈柚香檸檬糖霜〉
➡ ①〈檸檬蛋糕〉出爐刷上 ②〈柚香檸檬糖霜〉➡ 烤乾

作法

① 檸檬蛋糕

1 事先將檸檬皮使用檸檬刨皮器刨成屑碎，加入上白糖、海藻糖，利用指尖搓揉讓檸檬香精完全釋放出來，等待約 15-20 分鐘後使用。（圖 A）

TIP 刨檸檬皮時盡量不要刨到白色的部分，會造成苦澀。使用黃檸檬或綠檸檬皆可，會有不一樣的風味。

2 將步驟 1 的材料加入全蛋攪拌均勻，並且隔水加熱至 38-40℃（圖 B），使用電動打蛋器或是桌上型攪拌機以高速→中速→低速打至全發，麵糊在表面畫 8 字不會馬上消失，可停留約 2-3 秒的狀態。（圖 C）

3 接著分多次加入低筋麵粉，以切拌方式輕輕攪拌至粉類無結塊。（圖 D）

4 無鹽奶油融化至 45-50℃（圖 E），先取一部分麵糊跟融化好的無鹽奶油拌勻，再加入剩餘麵糊中，用刮刀輕輕切拌，混合均勻。

TIP 奶油先跟部分麵糊拌勻，可拉近兩者間的質地，攪拌時不容易消泡。

5 在中空戚風模內側抹上奶油後（圖 F），倒入麵糊，放入預熱好的烤箱中，以 180℃ 烘烤 20-25 分鐘。（圖 G）

TIP 請依據自家烤箱調整烘烤時間。

② 柚香檸檬糖霜

1 將新鮮檸檬汁、柚子汁和純糖粉混合均勻即可。（圖 H）

TIP

- 如果沒有柚子汁，也可以全部改用檸檬汁。
- 檸檬汁會在空氣慢慢氧化，漸漸失去原有的風味，請儘早使用完畢。

③ 組裝

1 ①**檸檬蛋糕**出爐後倒扣脫模，趁熱刷上②**柚香檸檬糖霜**，再進烤箱以 180℃ 烘烤 3-5 分鐘至表面略乾即可。（圖 I）

2 取出稍微散熱後，密封包裝好直接放入冷凍庫保存，可以讓蛋糕更濕潤。隔天恢復常溫再食用。

A	B	C
D	E	F
G	H	I

檸檬啾啾布列塔尼

Lemon Bretonne

設計概念

說起「黃色」，除了色澤，也很自然聯想到檸檬及百香果的「氣味」。將兩種不同酸性的水果結合，酸不再是只有酸，還酸得有層次。擠花為義式蛋白霜，用火噴出立體的線條讓作品看起來更俐落，偏甜的味道能夠平衡在口中竄流的酸，是個不可或缺的元素。以布列塔尼取代常見的塔皮，入口即化的酥鬆感搭配檸檬百香，讓人忍不住一口接著一口。

難易度　★★★

製作時間　3-4H

完成份量　7.5cm 正方形 ×2 個、Φ8cm 圓形 ×2 個

模具　7.5cm 正方形網洞塔圈、Φ8cm 圓形網洞塔圈

材料

① 布列塔尼酥餅

材料	份量
無鹽奶油	180g
鹹蛋黃	7g
純糖粉	65g
檸檬皮	2g
中筋麵粉	150g
鹽之花	1g
玉米粉	36g
杏仁粉	30g

② 百香檸檬蛋奶醬

材料	份量
黃檸檬汁	44g
香檬原汁	10g
百香果泥	40g
黃檸檬皮	3g
細砂糖	76g
全蛋	100g
吉利丁塊	12g
調溫白巧克力 32%	67g
無鹽奶油	76g

③ 義式蛋白霜

材料	份量
蛋白（冷藏）	175g
細砂糖 A	60g
飲用水	105g
細砂糖 B	290g

④ 裝飾

材料	份量
檸檬絲	適量
薄荷葉	適量

建議製作順序

製作 ②〈百香檸檬蛋奶醬〉冷藏

➜ 製作 ①〈布列塔尼酥餅〉

➜ 製作 ③〈義式蛋白霜〉➜ 組裝・裝飾

作法

① 布列塔尼酥餅

1 事先將模具輕輕抹上一層奶油（材料份量外）備用。無鹽奶油放室溫軟化至 22-24℃。鹹蛋黃過篩。檸檬皮可以先跟糖粉混合，用手指揉出檸檬香精。

TIP 沒有鹹蛋黃也可以用煮熟的蛋黃取代，這邊不使用蛋液，減少水分和麵粉結合產生的筋性，可以讓酥餅更加酥鬆，並縮短鬆弛的時間。

2 無鹽奶油放入鋼盆，使用桌上型攪拌器（槳形）打軟成乳霜狀，再依序加入糖粉、檸檬皮、鹹蛋黃，攪拌均勻。（圖 A）

3 加入中筋麵粉、玉米粉、鹽之花攪拌後，加入杏仁粉混勻。（圖 B-C）

TIP 玉米粉不會產生筋性，可取代部分的麵粉。

4 將麵團放入塑膠袋，擀成約厚度 1cm 的片狀後，冷藏約 30 分鐘。（圖 D）

5 從塑膠袋取出，用模具切割成 7.5cm 的正方形或 Φ8cm 的圓形（圖 E），切割好後連同模具放進預熱好的烤箱中，以上火 175℃、下火 120℃烘烤約 25-30 分鐘。烤完後脫模。（圖 F）

A	B	C
D	E	F

② 百香檸檬蛋奶醬

1 事先將黃檸檬皮和細砂糖用手搓揉出香精。吉利丁塊微波融化備用。無鹽奶油回到室溫約 22-23℃。

TIP 如果沒有香櫞原汁或是百香果泥，都可以用檸檬汁取代。

2 將步驟 1 的黃檸檬砂糖加入黃檸檬汁、香櫞原汁、百香果泥、全蛋，用打蛋器稍微打至顏色泛白的狀態，並隔水加熱至 83-85℃。（圖 G-H）

3 接著使用濾網過篩至調溫白巧克力和吉利丁溶液當中，靜置 1-2 分鐘後，慢慢使用刮刀從中心點往外畫圓，均勻混合。（圖 I）

4 降溫至約 38-40℃ 時，加入無鹽奶油拌勻，再倒入適當的容器中，並且使用保鮮膜貼平表面，冷藏。使用前拌勻即可。（圖 J）

③ 義式蛋白霜

1 取配方中少許的細砂糖 A 加到冰蛋白當中備用。將細砂糖 B 和水混合倒入鍋中加熱（圖 K），同步開始打發蛋白，分次把剩下的細砂糖 A 加入蛋白中，以中速打至濕性發泡。

2 當糖漿溫度到達 118℃ 時，蛋白霜轉到高速打發，把糖漿以細絲狀慢慢倒入鋼盆邊緣，持續打發到用手摸鋼盆外側微溫，並呈現硬挺狀態即可。（圖 L）

TIP 如果蛋白霜的狀態已經是濕性發泡，但糖漿溫度還沒到達，可以轉為慢速攪拌。打發速度為高速→中速→低速。

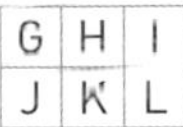

④ 組裝・裝飾

1 平面裝飾法：將②**百香檸檬蛋奶醬**裝入擠花袋中，使用 1cm 的圓形花嘴擠滿整個①**布列塔尼酥餅**，並將表面抹平。放入冰箱冰到百香檸檬蛋奶醬凝固後脫模。（圖 M）

2 將③**義式蛋白霜**裝入擠花袋中，使用玫瑰花嘴直線擠在布列塔尼酥餅上（圖 N-O）。接著使用瓦斯噴槍炙燒出深色的線條。（圖 P）

3 立體裝飾法：使用圓形花嘴將②**百香檸檬蛋奶醬**、③**義式蛋白霜**擠在①**布列塔尼酥餅**上。可依喜好排列兩種顏色，做出不同變化。（圖 Q-R）

4 最後上方使用檸檬絲或者薄荷葉裝飾即完成。

M	N	O
P	Q	R

(COLUMN)

專 ——— 欄

關於檸檬蛋奶醬

降低檸檬蛋奶醬中的「蛋腥味」

「蛋味」和「蛋腥味」是不一樣的，蛋味代表雞蛋本身的味道，蛋腥味則是不新鮮的雞蛋所產生的味道。一般來說，新鮮雞蛋本身味道是溫和的，但也會受到母雞的飲食而有所不同，如果母雞吃的食物較難被代謝掉，就容易產生蛋腥味。

另外，煮雞蛋時常常會有一股俗稱「硫磺味」的硫化氫味道，這股味道源自「蛋白」，當溫度超過 60℃ 以上就會漸漸浮現出來。雞蛋放置越久，產生的「硫化氫」也會越多，所以我們要挑選新鮮的雞蛋來製作檸檬蛋奶醬。

在配方當中我們使用檸檬汁、香檬原汁、百香果泥來降低蛋味，有時也可以用類似性質的柚子汁或者柳橙汁來取代，讓檸檬蛋奶醬的風味更加有層次。製作過程中，也可以先讓雞蛋、檸檬汁、砂糖在隔水加熱前稍微打發，讓檸檬汁等液體跟雞蛋、砂糖能夠充分混合並讓空氣進入，輕盈的質地有助於降低雞蛋的味道。

吉利丁在檸檬蛋奶醬中的用途

「檸檬啾啾布列塔尼」食譜中的造型是將檸檬蛋奶醬使用圓形花嘴擠出上尖下圓的模樣，所以我們需要吉利丁來維持擠花後的造型，並且同時達到口感滑順的效果。如果有蛋奶素的需求，可以直接將吉利丁去除，並增加白巧克力以及無鹽奶油的含量，這兩者具有在冷藏後維持形狀的作用。但不建議全部改成無鹽奶油，口感上會較膩口。

OKINAWA 熱帶慕斯蛋糕

Tropical Mousse Cake

難易度 ★★★

製作時間 4H

完成份量 6-8 個

模　　具

海綿蛋糕：30cm×40cm×2cm 矽膠模具
鳳梨蛋奶醬：10cm×19cm 淺型鐵盤
乾燥鳳梨花：馬芬模具
組裝：Φ8cm×H5cm 慕斯圈、慕斯塑膠片

設計概念

總是在想自己的婚禮蛋糕會是什麼口味，苦惱許久，終於在去沖繩舉辦婚禮前，設計出這款以最愛的黃色為主的作品！一直以來都很喜歡海，放假時就想到海邊，吹著海風看日出、夕陽放鬆。能在海邊得到祝福，感謝所有前來的家人和朋友。

鳳梨、百香果、芒果的黃色水果代表著熱情的夏天。構思時腦海中浮現著隨風搖曳的椰子樹、被夕陽染成黃橙色的天空，啜飲一杯椰林風情的調酒，獻給雜工與我的婚禮回憶。

材料

① 百香果脆層

- 高筋麵粉 …… 54g
- cassonade 黖鶒糖 …… 45g
- 無鹽奶油 …… 45g
- 巴瑞脆片 …… 18g
- 調溫白巧克力 32% …… 7g
- 可可脂 …… 7g
- 百香果粉 …… 1g
- 鹽 …… 0.2g

② 海綿蛋糕

- 全蛋 …… 360g
- 細砂糖 …… 107g
- 海藻糖 …… 45g
- 低筋麵粉 …… 130g
- 植物油 …… 65g
- 牛奶 …… 21g

③ 鳳梨蛋奶醬

- 鳳梨果泥 …… 72g
- 蛋黃 …… 10g
- 全蛋 …… 29g
- 細砂糖 …… 20g
- 吉利丁塊 …… 21g
- 無鹽奶油 …… 21g

④ 糖漬香草鳳梨

- 新鮮鳳梨丁 …… 280g
- 飲用水 …… 適量
- 香草莢 …… 半枝
- 30 波美度糖漿 …… 75g
- 橙酒 …… 1.5ml

⑤ 椰奶慕斯

- 椰漿 …… 100g
- 牛奶 …… 20g
- 轉化糖漿 …… 30g
- 吉利丁塊 …… 28g
- 動物性鮮奶油 35% …… 140g

⑥ 乾燥鳳梨花

- 切片鳳梨 …… 適量

⑦ 裝飾（依喜好）

- 巧克力飾片 …… 適量
- 新鮮鳳梨 …… 適量

建議製作順序

製作 ⑥〈乾燥鳳梨花〉➜ 製作 ①〈百香果脆層〉➜ 製作 ②〈海綿蛋糕〉➜ 製作 ③〈鳳梨蛋奶醬〉➜ 製作 ④〈糖漬香草鳳梨〉➜ 製作 ⑤〈椰奶慕斯〉➜ 組裝 · 裝飾

作法

① 百香果脆層

1 事先將無鹽奶油切成小丁狀。

2 將高筋麵粉、cassonade 鸚鵡糖、冷藏的無鹽奶油、巴瑞脆片放入食物調理機中，攪拌至大致成團後取出。

3 均勻鋪在烘焙紙上，進烤箱以 165℃烘烤 10-11 分鐘。

4 取出散熱完，使用食物調理機將其打碎至粗沙狀。

TIP 此完成狀態稱為「酥菠蘿」，基本食材為奶油、糖、麵粉，可用於製作脆層、塔皮或增加內餡口感。

5 將白巧克力、可可脂融化至 40℃，加入 50g 的步驟 4、百香果粉、鹽拌勻。（圖 A-B）

6 放到烘焙紙上，擀壓成 0.1cm 的厚度，備用。（圖 C）

---

② 海綿蛋糕（全蛋法）

1 事先將低筋麵粉過篩。植物油、牛奶加熱至 50℃並且維持溫度。（圖 D-E）

TIP

- 麵粉建議過篩三次，較為細緻。
- 請選擇沒有味道的植物油，避免影響風味，葵花油或是沙拉油都是不錯的選擇。

2 將全蛋、細砂糖、海藻糖隔水加熱至 38-40℃後，使用手持式打蛋器或是桌上型攪拌機高速打發至有痕跡，轉至中速持續打發，直到以麵糊在表面畫 8 字 2-3 秒不會消失，轉至最慢速讓氣泡變小變細緻。（圖 F-G）

TIP 隔水加熱要記得鋼盆不能碰到水面，利用水蒸氣的熱氣到達所需溫度。

3 分次加入過篩的低筋麵粉，並用刮刀切拌至無結塊。（圖 H）

4 取一部分麵糊加入步驟 1 的油類液體拌勻，再倒回剩餘的麵糊中，持續拌勻至無油的痕跡。

TIP

- 先取 1/4 的麵糊加入油類液體讓兩者質地接近，可以縮短拌勻時間，避免消泡。
- 植物油和牛奶必須用打蛋器拌勻。

5 將麵糊離模具約 30cm 的距離倒入，使用刮板往四邊角落推去並沿著四邊抹平麵糊（圖 I）。拿起模具離桌面約 10cm 距離往下敲，震出氣泡，再放進預熱好的烤箱中，以上火 180℃、下火 140℃烘烤約 10 分鐘，再降溫至上火 160℃、下火 130℃開風門烤約 10-12 分鐘。

TIP

- 因蛋糕體較薄，使用竹籤測試較不準確，手摸蛋糕體表面不會沾手並且回彈，表示已經烘烤完成。
- 使用矽膠模具時，必須等待蛋糕體完全冷卻才可脫模，建議可以在上方蓋烘焙紙，避免蛋糕變乾。
- 如果使用烤盤墊烘焙紙烤焙，出爐後將四個角撕開散熱。稍微冷卻後，翻面鋪上烘焙紙繼續散熱。
- 如果底下有薄膜是因為牛奶和油脂沒有混合均勻，或者敲出氣泡時震太大力導致油下沉。

A	B	C
D	E	F
G	H	I

③ 鳳梨蛋奶醬

1 鳳梨果泥事先煮至沸騰，並降溫至約 60℃。
TIP 鳳梨、奇異果等水果酵素容易破壞吉利丁，變得不易凝固，必須事先煮沸才能跟其他材料混合。

2 將全蛋、蛋黃、砂糖用打蛋器打至稍微泛白、砂糖溶解即可。（圖 J）

3 將降溫好的鳳梨果泥跟步驟 2 的蛋液混合均勻，倒入湯鍋中，以小火煮至 82℃，形成英式蛋奶醬。（圖 K）

4 離火，加入微波融化的吉利丁塊，再以濾網過篩。

5 降溫至 35-38℃時，加入軟化的無鹽奶油，拌勻至無結塊。（圖 L）
TIP 這個步驟如果使用均質機，可以讓質地更加均勻。若沒有可省略。

6 倒入淺型鐵盤至約 1cm 厚度，冷凍備用。（圖 M）

---

④ 糖漬香草鳳梨

1 將新鮮鳳梨切成約 1cm 立方體小丁狀，加入適量的水、30 波美度糖漿、香草籽和香草莢，放入湯鍋中煮至濃縮收汁，快煮好時加入橙酒，冷卻備用。（圖 N）
TIP 用刀子將香草莢剖半後刮出香草籽。

---

⑤ 椰奶慕斯

1 將椰漿、牛奶、轉化糖漿放入湯鍋內煮至約 50-60℃後，加入已微波融化成液體的吉利丁塊拌勻，並降溫至 24-26℃備用。（圖 O）
TIP 如果沒有轉化糖漿也可以用細砂糖取代。

2 將鮮奶油打至 6-7 分發（圖 P），再加入步驟 1 混合均勻。

---

⑥ 乾燥鳳梨花

1 新鮮鳳梨切成 0.1cm 的厚度，鋪在網洞烤盤，進烤箱以 80-90℃烘烤約 1 小時。（圖 Q）

2 將還沒完全烤乾的鳳梨切片，使用馬芬模具塑型，繼續烘乾至乾燥，形成立體花朵的模樣。（圖 R）

J	K	L
M	N	O
P	Q	R

⑦ 組裝・裝飾

1 將①**百香果脆層**、②**海綿蛋糕**、③**鳳梨蛋奶醬**，分別切割成約 Φ7cm 的圓形。（圖 S）

TIP 直徑比用來當模具的慕斯圈小約 1-1.5cm 即可，也可以直接用小一號的慕斯圈切割。

2 將鳳梨切薄片後，切割出略小於慕斯圈的大圓片，以及數個小圓片，備用。

3 將 Φ8cm 的慕斯圈，用一層保鮮膜封緊底部（盡量拉平整）後，中間圍一圈慕斯塑膠片增加高度。

4 使用倒裝法組裝。先放入大的鳳梨圓片，並在塑膠片上隨意貼上幾片小鳳梨圓片。（圖 T-U）

5 接著依序填入⑤**椰奶慕斯** 55g →④**糖漬香草鳳梨** 15g →③**鳳梨蛋奶醬**→①**百香果脆層**→②**海綿蛋糕**→③**鳳梨蛋奶醬**→①**百香果脆層**→⑤**椰奶慕斯** 15g →②**海綿蛋糕**。（如圖 V-W）

6 放入冰箱冷藏凝固定型後，取出倒扣脫模（圖 X），裝飾上⑥**乾燥鳳梨花**即可。

S	T	U
V	W	X

不同的裝飾方式

即便是同樣的元素，除了改變組裝方式，
也可以利用巧克力飾片或造型模具，製作出風格迥異的樣貌。

利用巧克力飾片裝飾

用黃色色粉將巧克力調成喜歡的顏色後，抹在烘焙紙上做成飾片，再繞到大一號的慕斯圈上，就可以做出外層的圓形外殼。（巧克力飾片作法請參考p234）

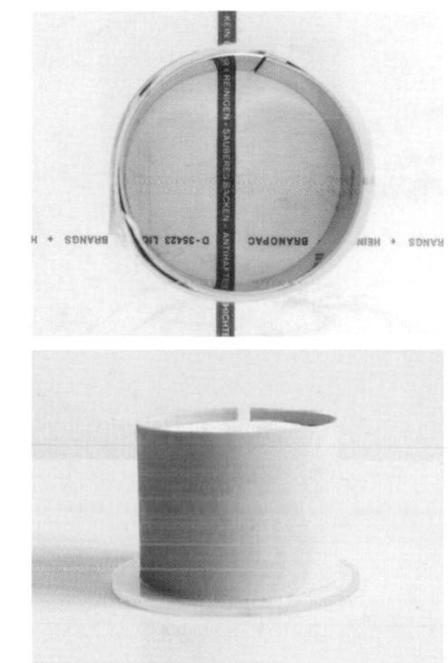

利用特殊模具做造型

模具內先灌模一層黃色巧克力，待填入內餡後，表面再用巧克力飾片貼上封底。（巧克力灌模作法請參考 p48）

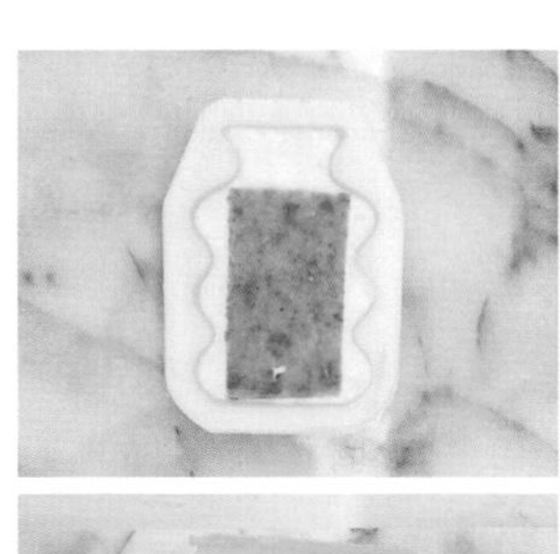

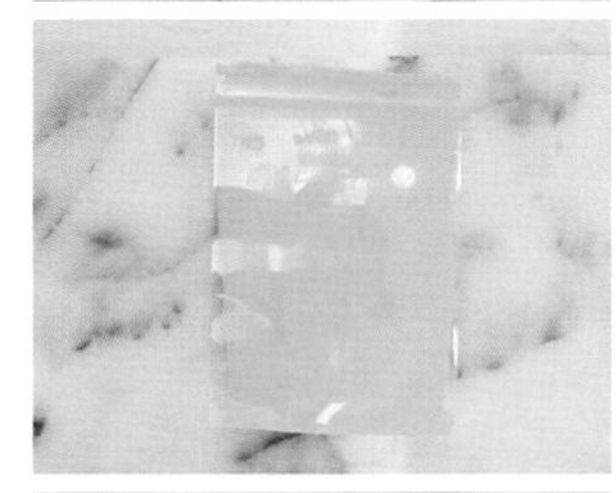

Minimal 2
焦糖榛果蛋糕

Caramel Hazelnut Cake

比起外型花俏、裝飾誇張的甜點，其實更喜歡簡單有風格的作品。由單純、簡約的幾何形、立方形、比例、尺度和角度組成的極簡外型，減少視覺上不必要的干擾，透過舌尖味蕾品嚐純粹的美味。

- 難易度　★★★★
- 製作時間　6H
- 完成份量　2 個
- 模　　具　杏仁海綿蛋糕：L60cm×W40cm 藍鋼烤盤＋矽膠墊
  組裝：30cm×30cm 模具、
  L26cm×W7cm×H7.5cm 長方體模具

材料

① 杏仁海綿蛋糕

- 杏仁粉 125g
- 純糖粉 70g
- 全蛋 206g
- 蛋白 170g
- 細砂糖 75g
- 低筋麵粉 40g

② 鹽味焦糖醬

- 動物性鮮奶油 35% 120g
- 葡萄糖漿 A 30g
- 牛奶 30g
- 鹽之花 1g
- 葡萄糖漿 B 63g
- 細砂糖 57g
- 無鹽奶油 42g

③ 榛果牛奶巧克力脆層

- 中筋麵粉 55g
- 杏仁粉（烘烤過）.......... 70g
- cassonade 鸚鵡糖 55g
- 無鹽奶油 A 55g
- 鹽 A 0.5g
- 無鹽奶油 B 30g
- 榛果巧克力醬（市售）... 65g
- 巴瑞脆片 40g
- 鹽 B 1.5g

④ 榛果穆斯林奶油霜

- 牛奶 343g
- 動物性鮮奶油 35% 60g
- 香草莢 .... 1 根
- 蛋黃 80g
- 玉米粉 37g
- 細砂糖 71g
- 帕林內 .... 取 115g
  - 細砂糖 175g
  - 飲用水 47g
  - 榛果 260g
  - ＊此配方為方便操作的建議量。
- 吉利丁塊 12.8g
- 無鹽奶油 192g

⑤ 香草白巧克力甘納許

- 調溫白巧克力 32% 108g
- 吉利丁塊 18g
- 動物性鮮奶油 35% 477g
- 香草莢（取籽）.............. 1 根

⑥ 噴砂可可脂（可用市售噴式可可脂取代）

- 白巧克力 160g
- 可可脂 160g
- 白色油性色粉 .... 適量
- 黃色油性色粉 .... 適量

⑦ 裝飾

巧克力球（作法參考 p48）.... 適量

建議製作順序

製作 ③〈榛果牛奶巧克力脆層〉的酥菠蘿 ➡ 製作 ①〈杏仁海綿蛋糕〉➡ 製作 ②〈鹽味焦糖醬〉➡ 製作 ③〈榛果牛奶巧克力脆層〉➡ 製作 ④〈榛果穆斯林奶油霜〉➡ 製作 ⑤〈香草白巧克力甘納許〉➡ 組裝・冷凍 ➡ 製作巧克力球 ➡ 製作 ⑥〈噴砂可可脂〉➡ 裝飾

作法

① 杏仁海綿蛋糕

1 事先將低筋麵粉過篩備用。

2 將杏仁粉、糖粉過篩至鋼盆後，加入全蛋，使用打蛋器打至顏色泛白。

3 打發蛋白霜：砂糖分三次加入蛋白，打發至舉起打蛋器，前端呈小彎勾狀態。

TIP
- 蛋白打發前先加入配方中少許的砂糖，可增加蛋白的穩定度。
- 打發蛋白霜的速度：高→中→低（最後轉低速讓氣泡細緻，烤出來的蛋糕體氣孔才會比較小）。

4 取 1/3 的蛋白霜加入拌勻的步驟 2，並分三次加入過篩的低筋麵粉，以刮刀切拌至無粉類殘留，最後將剩餘的蛋白霜加入，切拌均勻。

TIP 步驟 2 和蛋白霜混合到依稀還有黃白色時即可加入低筋麵粉，避免過度攪拌導致消泡。

5 將麵糊倒入烤盤中，大致平鋪後使用長尺輔助刮平，放進預熱好的烤箱中，以上火 190℃、下火 150℃烘烤 13-15 分鐘，取出放涼後脫模。（圖 A）

② 鹽味焦糖醬

1 將鮮奶油、葡萄糖漿 A、牛奶、鹽之花加熱到微滾後，備用。

2 將細砂糖放入深鍋中，加熱至湯水狀後（圖 B），分次加入葡萄糖漿 B 煮至理想的琥珀色後，離火，將鍋子墊在濕布上避免持續加熱。（圖 C）

TIP
- 煮焦糖時以葡萄糖漿取代部分砂糖，可以防止糖再結晶。
- 製作焦糖時要用深鍋，避免加入牛奶液時被衝出的蒸汽燙傷。
- 焦糖煮至約 185℃後微苦不甜，想要保留甜味的話請煮到 170-175°。

3 慢慢倒入步驟 1 的溫熱牛奶液（圖 D），使用打蛋器一邊攪拌，再持續加溫至 105℃。（圖 E）

4 降溫至 70℃後，加入軟化的無鹽奶油拌勻，降溫備用。（圖 F）

TIP 使用前可以再用牛奶調整濃稠度。

焦糖醬的濃稠度

在不一樣的甜點配方中會依照不同需求來調整焦糖醬的濃稠度。濃稠的程度取決於「液體含量多寡」，以及煮焦糖醬時「最後達到的溫度」。
舉例來說，糖：液體＝ 1：1 的比例，焦糖煮至琥珀色之後，倒入鮮奶油攪拌均勻立即離火，跟將焦糖醬煮到 120℃的軟硬度差別很大，前者在室溫下保持流動性，後者則是牛奶糖般的硬度。
在製作甜點的同時也要去思考，完成後的焦糖醬在冷藏狀態會是什麼樣的質地，如果希望流動性佳，鮮奶油的比例就要變多，但甜度也會降低；相對的，想要有黏牙的口感，就減少鮮奶油的比例，依照用途調整。

A	B
C	D
E	F

③ 榛果牛奶巧克力脆層

1. 事先將無鹽奶油切成小丁狀；杏仁粉用烤箱以150℃烘烤至有香氣出來。
2. 將中筋麵粉、烘烤過的杏仁粉、cassonade 鸚鵡糖、冷藏的無鹽奶油 A、鹽 A 放入食物調理機中，攪拌成鬆散沙狀。（圖 G）
3. 利用散熱架的孔洞過篩成粗顆粒，均勻鋪在烘焙紙上，進烤箱以 160℃烘烤 10-12 分鐘。（圖 H）
4. 烤完後取出散熱，再用食物調理機打碎至沙狀。
   TIP 此完成狀態稱為「酥菠蘿」，基本食材為奶油、糖、麵粉，可用於製作脆層、塔皮或增加內餡口感。
5. 將無鹽奶油 B 加熱融化至 40℃，再加入 151g 的步驟 4、巴瑞脆片、鹽 B、榛果巧克力醬拌勻即可。（圖 I）
   TIP 榛果巧克力醬可事先微波加熱至 38℃，比較好拌勻。

---

④ 榛果穆斯林奶油霜

1. 製作帕林內：將榛果放入 150℃的烤箱中烤 7-8 分鐘，再和水、砂糖一同用中小火炒至焦糖色，降溫後以食物調理機打成泥狀。（圖 J）
   TIP 帕林內若低於此配方量不好操作，建議先做好後取出需要用量，其餘冷藏保存。
2. 將牛奶、鮮奶油、香草莢加熱至微溫，靜置 15-30 分鐘。
3. 將蛋黃、玉米粉、細砂糖一起攪拌到砂糖溶解後，與步驟 2 的牛奶混合均勻，倒入鍋內，小火煮到 82℃。（圖 K）
4. 再加入帕林內、已加熱融化的吉利丁塊和無鹽奶油，使用食物調理機或均質機攪拌到質地滑順，隔冰盆使其盡速降溫以免細菌滋生，倒入淺盤平鋪並貼平保鮮膜，冷藏備用。使用前再攪拌均勻。（圖 L）

G H
I J
K L

⑤ 香草白巧克力甘納許

1 將部分的鮮奶油、香草籽和果莢加熱到微溫（不要煮沸），靜置 15-30 分鐘後，加入剩餘的鮮奶油並回煮至沸騰。

2 過濾後倒入白巧克力以及吉利丁塊，攪拌均勻成甘納許，冷藏 12-24 小時。使用前再打發。（圖 M）

TIP 煮熱的鮮奶油倒入白巧克力時不要太快攪拌，容易因為溫度過高導致油水分離，先利用鮮奶油的熱度慢慢讓巧克力融化，以同方向畫圓的攪拌方式輕柔地乳化兩者。也可以使用均質機幫助乳化。

打發甘納許

「打發甘納許」不同於以往製作甘納許的配方比例，鮮奶油的含量要高於巧克力 3-4 倍。鮮奶油的發泡是透過脂肪來穩定，在微溫的狀態下乳脂結構會軟化，跟巧克力的可可脂結合形成結晶，提高打發甘納許的脂肪含量，打發時穩定度更好，口感質地像是巧克力鮮奶油。

⑥ 噴砂可可脂
（若使用市售噴式可可脂，此步驟省略）

1 先取一小部分的白巧克力跟已過篩的油性色粉一起加熱融化至 40-45℃，攪拌均勻至無顆粒並且呈現濃稠糊狀。

2 剩下的白巧克力和可可脂微波融化或是隔水加熱至 40-45℃，將步驟 1 有顏色的巧克力倒入攪拌均勻。

TIP 如果顏色還沒到達理想的狀態，需要依照「白巧克力：可可脂＝1：1」的比例原則，再加入油性色粉重複步驟 1 的作法，直到調出理想中的顏色。

---

⑦ 組裝・裝飾

1 準備 30cm×30cm 的方形模具，依照以下厚度堆疊：①**杏仁海綿蛋糕** 0.5cm、②**鹽味焦糖醬** 0.25cm、③**榛果牛奶巧克力脆層** 0.25cm、④**榛果穆斯林奶油霜** 1cm，放入冰箱冷凍約 30 分鐘至定型。（圖 N-Q）

2 脫模，切割成 24cm×5cm 的長方形，共 6 片。每一個蛋糕疊 3 片，稍微壓緊後，冷凍至定型。（圖 R-S）

TIP 此款蛋糕使用 L26cm×W7cm×H7.5cm 的模具，請依照自己的模具調整切割尺寸，長寬高各比模具小 1.5-2cm 即可。

3 將⑤**香草白巧克力甘納許**從冰箱取出，打發後灌入模具當中，再放入步驟 2 的蛋糕，並填滿香草白巧克力甘納許，冷凍定型後脫模。（圖 T-U）

4 最後用巧克力噴砂機將表面噴上⑥**噴砂可可脂**（或直接以噴式可可脂噴勻），放上巧克力球裝飾即可。

TIP 裝飾巧克力球的方法：取一個鐵盤倒扣，用噴槍將直角處稍微燒熱，輕輕放上巧克力球融出一角後，趁凝固前放到蛋糕上。

M	N	O
P	Q	R
S	T	U

(COLUMN)

專欄

巧克力的「噴砂」與「披覆」

「噴砂」與「披覆」皆為法式甜點中時常運用的巧克力上色技巧。「噴砂」是指將以色粉調好色的巧克力和可可脂，以巧克力噴砂機噴灑在冷凍的蛋糕表面（亦可直接購買市售「噴式可可脂」噴砂），利用巧克力瞬間遇冷凝固的特性，製作出一顆顆的粗砂質地；而「披覆」則類似淋面，直接將甜點浸泡入巧克力溶液中，將表面完整包覆後取出，質感較為光滑。想要做出理想的效果，需著重以下三項重點：

1 批覆、噴砂的操作溫度

在融化巧克力和可可脂調色時，建議批覆用溫度為 25-26℃；噴砂用溫度則控制在 35-40℃（夏天 35℃，冬天 40℃）。務必注意可可脂顏色調好後，不論是要批覆或是噴砂用途，蛋糕體本身必須要完全凍硬，否則極易造成噴砂裂開，或是批覆時凝固速度太慢而破壞表面。

2 噴砂溶液的比例與細緻度

在噴頭口徑一致的情況下，「白巧克力：可可脂＝ 1：1」的噴砂效果通常會有明顯的顆粒感。巧克力含量越高，噴砂的顆粒越大越明顯。如果反過來拉高可可脂的含量，變成「白巧克力：可可脂＝ 1：1.5」，效果就會變得較為細膩。噴砂時記得要和蛋糕體間保持距離，以免噴得過厚、效果不佳。

3 染色時避免油性色粉結塊

製作有顏色的可可脂時，若是店家需要大量製作，可以使用均質機一次完成，但如果少量調色就不太適合。可以依照食譜方式操作，或是先將可可脂和油性色粉融化，倒在鋪好保鮮膜的檯面上，使用小刮刀來回將可可脂和油性色粉混合到沒有顆粒為止。如果還是有結塊，先讓可可脂降溫變稠再攪拌，就會非常均勻。

黃點點慕斯蛋糕

Mousse Cake with Yellow Spot

這是一款因遊戲而生的作品，源自於「動物森友會」，
設計靈感來自當中一件黃底白點點的 T-shirt。
遊戲換裝時總是只挑這件，熱愛點點的程度非常瘋狂，
研究所時期還自創一套點點時尚學。
喜愛黃色的我、代表夏天的芒果、酸到骨子裡的佛手柑，
結合各式黃色食材，誕生了這款黃點點慕斯蛋糕。

en

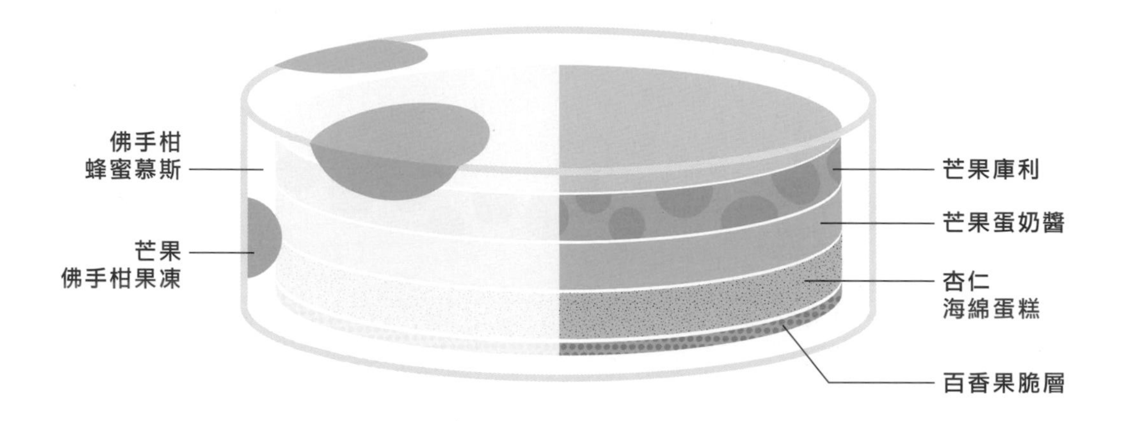

Mousse Cake With Yellow Spot

難易度	製作時間	完成份量
★★★★	6H	Φ15cm×H5cm 2 個

模　　具

百香果脆層：Φ12cm 圓形模具
杏仁海綿蛋糕：L60cm×H40cm 烤盤＋矽膠墊、Φ12cm 圓形模具
芒果佛手柑果凍：20cm×20cm 鐵盤
芒果蛋奶醬：Φ12cm×H1.5cm 慕斯圈
芒果庫利：Φ12cm×H1cm 矽膠模具
組裝：圓形切割器、Φ15cm×H5cm 圓形模具（內圈圍慕斯塑膠片）

材料

① 百香果脆層

- 中筋麵粉 50g
- 杏仁粉 65g
- cassonade 鸚鵡糖 ... 50g
- 無鹽奶油 50g
- 鹽 0.5g
- 無鹽奶油 28g
- 調溫白巧克力 32% ... 28g
- 巴瑞脆片 27g
- 百香果粉 1.5g

② 杏仁海綿蛋糕

- 杏仁粉 117g
- 純糖粉 100g
- 全蛋 176g
- 蛋白 161g
- 細砂糖 75g
- 低筋麵粉 74g

③ 芒果佛手柑果凍

- 芒果果泥 70g
- 佛手柑果泥 70g
- 細砂糖 35g
- PG-19 果凍粉 3.5g
- 海藻糖 7g

＊ PG-19 是日本伊那寒天的果凍粉。

④ 芒果蛋奶醬（英式）

- 蛋黃 64g
- 細砂糖 32g
- 芒果果泥 258g
- 動物性鮮奶油 35% ... 32g
- 吉利丁塊 28g

⑤ 芒果庫利

- 芒果果泥 130g
- 轉化糖漿 20g
- 細砂糖 20g
- NH 果膠 2g
- 新鮮芒果小丁 50g

⑥ 佛手柑蜂蜜慕斯

- 佛手柑液 .... 取 180g
  - 佛手柑果泥 150g
  - 玉米粉 5.4g
  - 細砂糖 9g
  - 蜂蜜 11g
  - 吉利丁塊 45g
- 義式蛋白霜 .... 取 200g
  - 細砂糖 140g
  - 海藻糖 60g
  - 蛋白 100g
- 動物性鮮奶油 35% ... 200g

⑦ 透明淋面

- 細砂糖 450g
- 葡萄糖漿 300g
- 飲用水 175g
- 吉利丁塊 120g

建議製作順序

製作 ⑦〈透明淋面〉冷藏隔夜 ➡ 製作 ①〈百香果脆層〉➡ 製作 ②〈杏仁海綿蛋糕〉
➡ 製作 ④〈芒果蛋奶醬〉冷凍 ➡ 製作 ③〈芒果佛手柑果凍〉
➡ 製作 ⑤〈芒果庫利〉冷凍 ➡ ③〈芒果佛手柑果凍〉切割圓形
➡ 製作 ⑥〈佛手柑蜂蜜慕斯〉➡ 組裝・淋面

作法

① 百香果脆層

1. 無鹽奶油切成小丁狀冷藏。杏仁粉以 150℃ 烘烤至有香氣出來。
2. 將中筋麵粉、烘烤過的杏仁粉、cassonade 黝鵡糖、冷藏的無鹽奶油、鹽放入食物調理機或桌上型攪拌機中，攪打至大致成團。（圖 A）
3. 取出後利用散熱架的孔洞過篩成粗顆粒，均勻鋪在烘焙紙上，放入預熱好的烤箱中，以 160℃ 烘烤 10-12 分鐘。（圖 B-C）
4. 出爐散熱後，使用食物調理機打成粗沙狀。（圖 D）
   TIP 此完成狀態稱為「酥菠蘿」，基本食材為奶油、糖、麵粉，可用於製作脆層、塔皮或增加內餡口感。
5. 將白巧克力、無鹽奶油融化至 40℃，與 45g 的步驟 4、巴瑞脆片拌勻，再加上百香果粉拌勻。（圖 E）
6. 放在烘焙紙上，用擀麵棍擀平後，再以 Φ12cm 圓形模具切割，備用。（圖 F）

A	B	C
D	E	F

② 杏仁海綿蛋糕

1 低筋麵粉過篩備用。

2 將杏仁粉、純糖粉過篩至鋼盆，加入全蛋，使用打蛋器打至顏色泛白。（圖 G）

3 製作蛋白霜：砂糖分三次加入蛋白，打發至舉起打蛋器時前端狀態為小彎勾（圖 H）。

TIP 在還沒開始打發蛋白前，可以將配方中少許的砂糖先加入，增加蛋白的穩定度。打發蛋白霜的速度：高→中→低（最後轉低速讓氣泡細緻，烤出來的蛋糕體氣孔才會比較小）。

4 取 1/3 的蛋白霜加入步驟 2（圖 I），並分三次加入過篩的低筋麵粉（圖 J），以刮刀切拌至無粉類殘留，最後加入剩餘蛋白霜切拌均勻。

TIP 混合步驟 2 和蛋白霜時，稍微還可以看到黃白色的狀態就可以加入粉類，避免過度攪拌導致消泡。

5 將麵糊倒入鋪上矽膠墊的烤盤中，大致平鋪後用長尺刮平，進烤箱，以 180℃ 烘烤 15-18 分鐘（圖 K-L）。出爐後放涼，用 Φ12cm 圓形模具切割，備用。

G	H	I
J	K	L

③ 芒果佛手柑果凍

1 芒果果泥、佛手柑果泥放入鍋中，煮至約 35-40℃，加入細砂糖、PG-19 果凍粉以及海藻糖（圖 M）。

2 持續拌勻至沸騰，離火倒入鐵盤中，降溫後取出備用。（圖 N）

TIP 建議可以在鐵盤中鋪上不沾布，方便取出。

---

④ 芒果蛋奶醬（英式）

1 蛋黃、細砂糖用打蛋器打至泛白（圖 O-P），加入芒果果泥，倒回鍋中煮至 82℃（圖 Q），離火加入鮮奶油、微波融化的吉利丁塊拌勻。

TIP 泛白意指打發至細砂糖溶解。

2 接著用濾網過篩，拌勻並降溫至 26-30℃，倒入 Φ12cm×H1.5cm 的慕斯圈中（約 170g），冷凍至定型。

TIP

- 建議使用均質機拌勻，質地更細緻均勻。
- 冷凍時間請依照自家冰箱效能調整，確實凍硬、定型。

---

⑤ 芒果庫利

1 事先將細砂糖、NH 果膠混合均勻。

TIP 果膠粉必須要有糖類作為載體，否則倒入液體當中容易結塊，無法拌勻。NH 果膠粉可以用黃色果膠粉取代。

2 芒果果泥、轉化糖漿混合煮至 35-40℃，加入步驟 1，小火煮沸 1 分鐘。

3 取 110g 煮好的芒果庫利加入新鮮芒果丁拌勻，倒入 Φ12cm×H1cm 模具，冷凍至定型。（圖 R）

⑥ 佛手柑蜂蜜慕斯

1 製作佛手柑液：佛手柑果泥加熱至 35℃，加入混合好的玉米粉和砂糖，一邊攪拌一邊煮至沸騰 20 秒。稍微降溫後，加入蜂蜜以及微波融化的吉利丁塊拌勻，降溫至 26-28℃使用。

TIP 佛手柑果泥的質地流動，加入玉米粉增加濃稠度，有利於之後跟義式蛋白霜混合。使用玉米粉需要確實煮沸，以免殘留粉味。

2 製作義式蛋白霜：取配方中少部分的糖，加入冰的蛋白當中。將剩下的糖和水混合倒入鍋中煮到約 110℃左右時，開始打發蛋白。以中速打至濕性發泡，當糖漿溫度到達 118℃時，轉到高速，將糖漿以細絲狀慢慢倒入鋼盆邊緣持續打發，打發速度為高速→中速→低速，用手摸鋼盆外側直到微溫即可。

TIP 取少量的糖和蛋白先混合，可以穩定蛋白霜。如果蛋白霜已打到濕性發泡，但糖漿溫度還沒到達，先轉為慢速攪拌。

3 鮮奶油打發至 6-7 分發。

4 將佛手柑液慢慢加入義式蛋白霜，用打蛋器輕輕拌勻後，倒入打發鮮奶油以刮刀混勻。

TIP 拌勻義式蛋白霜的手法要輕柔，避免消泡。

⑦ 透明淋面

1 細砂糖、葡萄糖漿、水倒入鍋中，煮沸離火。降溫到約 70℃，加入微波融化的吉利丁塊，使用均質機均質，封上保鮮膜後冷藏至隔天，使用前再微波回溫。

TIP

- 液體表面需服貼上保鮮膜，可吸附浮上來的氣泡。
- 淋面必須靜置隔日再使用，讓裡頭的氣泡消失，以免表面產生許多氣泡。
- 淋面可回收使用 1-2 次，但氣泡會越來越多，凝固效力也會減弱。

M	N	O
P	Q	R

⑧ 組裝．淋面（倒裝法）

1 使用不同尺寸的圓形切割器，將③**芒果佛手柑果凍**切出不同大小的圓，放入Φ15cm×H5cm的圓形模具中。（圖S-T）

TIP

- 在圓形模具下墊一片鐵板或封保鮮膜（拉平整），方便之後脫模。
- 此處使用的是9cm、7cm、5cm、3cm的圓，可依照喜好調整大小和擺放位置。

2 將⑥**佛手柑蜂蜜慕斯**裝入擠花袋中，並取出所有備好的夾層材料。（圖U）

3 在模具內擠入約180g的⑥**佛手柑蜂蜜慕斯**，用湯匙將側面填滿慕斯，避免空洞。（圖V）

4 採取倒裝法由下往上，依序放入⑤**芒果庫利**、④**芒果蛋奶醬**、②**杏仁海綿蛋糕**、①**百香果脆層**。（圖W-Y）

5 空隙處擠滿⑥**佛手柑蜂蜜慕斯**，冷凍至定型。（圖Z）

TIP 因慕斯較為有空氣感，入模時若發現圓角有空洞，可用竹籤稍微補滿。

6 將凍硬的慕斯蛋糕脫模、放於網架上，從表面淋上微波回溫至31-32℃的⑦**透明淋面**即完成。

TIP

- 淋面越低溫越濃稠，因此需依照慕斯蛋糕實際的冷凍溫度調整，如蛋糕體溫度很低，可稍微提高淋面溫度，以免過於濃稠導致淋面效果不佳。
- 此處的淋面是為了增加光亮感，薄薄一層即可。

S	T	U
V	W	X

Y
Z

栗子巧克力 費南雪

Chocolate Financier with candied chestnut

費南雪（Financier）也稱金磚蛋糕，最大的特色是濃厚的杏仁味、焦香奶油所散發出的榛果香氣。使用栗子造型的模具，再將一整顆糖漬栗子放入烘烤，不沾手的特性很適合當辦公小點心。

難易度 ★

製作時間 1-2H

完成份量 25 顆

模具 栗子造型模具（本配方使用千代田模具）

材料

- 蛋白 …………… 195g
- 三溫糖 ………… 180g
- 低筋麵粉 ……… 45g
- 可可粉 ………… 45g
- 杏仁粉 ………… 120g
- 鹽 ………………… 2g
- 無鹽奶油 ……… 120g
- 糖漬栗子 ……… 25 顆

作法

1 事先製作焦化奶油：將奶油放入鍋中，用大火加熱融化，過程中持續使用打蛋器攪拌避免燒焦，直到呈現茶褐色，倒入隔著冰水的鋼盆裡，降溫至約 50-55℃備用。（圖 A-C）

2 將三溫糖、過篩的低筋麵粉、可可粉、杏仁粉、鹽放入攪拌機中混合均勻，再加入冷藏的蛋白，使用低速攪拌，接著倒入約 50-55℃的焦化奶油，低速攪拌，麵糊呈現光澤感即可。（圖 D）

TIP 倒入麵糊中的焦化奶油溫度須控制在 50-55℃，溫度過低容易造成麵糊有分離的現象，但溫度過高蛋白會受熱，請避免超過 60℃。

3 將麵糊裝入擠花袋中，擠入栗子造型模具裡，並且在中心放一顆糖漬栗子。（圖 E-F）

TIP 事先在模具裡刷上一層奶油，利於脱模。

4 放入預熱好的烤箱中，以上火 200℃、下火 180℃烘烤約 12-14 分鐘。

A	B	C
D	E	F

瑪德蓮 vs. 費南雪的差異

瑪德蓮以及費南雪都是法國常見的常溫甜點。在傳統造型上，瑪德蓮（Madeleine）是使用扇貝造型的模具烘烤的小點心，費南雪（Financier）則是使用長方型的模具製成，取其外型為金磚蛋糕。

除此之外，奶油的使用方式也有所不同，瑪德蓮是將奶油融化並且使用全蛋以及泡打粉，麵糊不經過打發，烘烤完成後的口感蓬鬆。費南雪則是經由焦化的過程讓奶油散發堅果香氣，奶油在加熱過程所沉澱的物質焦化轉成茶褐色的榛果色澤，所以焦化奶油也稱為榛果奶油，並且使用蛋白以及杏仁粉，沒有另外添加泡打粉，口感上較為紮實濕潤。

伯爵肥德蓮

Earl Grey Madeleine Sandwich

肥德蓮是 2017 年所設計的甜點課程。在這之前必須先介紹來自於法國的瑪德蓮（Madeleine），又稱貝殼小蛋糕，屬於家常甜點。對於瑪德蓮的印象就是擁有凸肚臍以及貝殼造型，很多人因為沒有擁有凸肚臍而覺得所做的瑪德蓮不夠完美，所以當時索性將肚臍切掉製作成夾心造型，一了學生所困擾的凸肚臍，將肥肥圓滾滾的造型稱之為「肥德蓮」。也因緣際會在 2020 年正式成立 Find Joy in each day 肥德蓮專門店。

難易度 ★

製作時間 1-2H

完成份量 12 顆

模具 貝殼造型模具
（本配方使用千代田模具）

材料

① 伯爵瑪德蓮

材料	份量
全蛋	3 顆
上白糖	150g
海藻糖	30g
低筋麵粉	150g
泡打粉	4.5g
伯爵茶粉	13.5g
鹽	1.5g
無鹽奶油	165g
牛奶	21g

② 伯爵奶油餡

材料	份量
蛋白	45g
細砂糖	32g
鹽	0.5g
無鹽奶油	110g
伯爵茶粉	11g

建議製作順序

製作 ①〈伯爵瑪德蓮麵糊〉冷藏一夜 ➡ 烘烤

➡ 製作 ②〈伯爵奶油餡〉➡ 組裝

作法

① 伯爵瑪德蓮

1. 將低筋麵粉、泡打粉、伯爵茶粉、鹽，過篩備用。
2. 奶油、牛奶加熱至 50-60℃並且維持溫度。
3. 將全蛋、上白糖、海藻糖加熱至 22-25℃混合均勻，分次倒入步驟 1 的粉類拌勻，直到無結塊。（圖 A-B）

   TIP 使用桌上型攪拌機時，請使用槳形器具。
4. 接著分次加入步驟 2 的油類拌勻，即可冷藏靜置一晚。（圖 C）
5. 麵糊使用前回溫至 25℃，倒入模具約 9-9.5 分滿。（圖 D）

   TIP 建議使用模具前，先刷上薄薄一層的奶油。如果你的模具烤完後會沾黏，記得刷完奶油後還要撒上麵粉。
6. 放入預熱好的烤箱中，先以 200℃烘烤約 3-4 分鐘，再降溫至 190℃烤 8-9 分鐘。

讓茶香更明顯的方式

如果只有伯爵茶包，建議先將中間的茶粉倒出，用食物處理機研磨成細粉後過篩再使用，但這樣必須加很多的茶粉，雖然蛋糕體有茶香，但也影響口感。最佳的方法是使用市面上已研磨成約 300-400 目的茶粉，用量少、茶香也很明顯。假設沒有的話，也可以先將奶油、牛奶加熱後，將伯爵茶包浸入液體中讓茶味充分釋出。

A	B	C
D	E	F

② 伯爵奶油餡

1 將蛋白、砂糖、鹽混勻，隔水加熱至 55-58℃，使用電動打蛋器打發至硬性發泡，完成瑞士蛋白霜。

2 將無鹽奶油回溫到約 22-24℃，打軟後加入伯爵茶粉繼續拌勻後，加入步驟 1 的瑞士蛋白霜攪拌至均勻。（圖 E）

---

③ 組裝

1 將烤好的①**伯爵瑪德蓮**突出的肚臍切掉。（圖 F）

2 在切掉的地方擠上②**伯爵奶油餡**，再蓋上另一片瑪德蓮壓合即完成。

栗子
夾心餅乾

Chestnut
Sandwich Biscuit

工作室裡有個展示櫃，擺放在各國蒐集的鍋碗瓢盆、盤子、拍照小物等，跟栗子有關的裝飾小物算是名列前幾名。有時一個甜點的誕生，其實只是私心想要構成一張與餐桌風景相輔相成的畫面。例如這款真實呈現出栗子原始風味、入口即化奶油以及小巧可愛造型的栗子餅乾，就是集結各種我喜愛的元素設計而出。

- 難易度　★★★
- 製作時間　4H
- 完成份量　30 份
- 模具　栗子造型切割模（邊長 5cm×5.5cm）

材料

① 甜塔皮餅乾

材料	份量
無鹽奶油	300g
杏仁粉	60g
純糖粉	190g
鹽	6g
全蛋（常溫）	110g
低筋麵粉	280g
高筋麵粉	280g

② 蘭姆酒義式奶油霜

材料	份量
無鹽奶油	235g
義式蛋白霜	取 92g
飲用水	40g
細砂糖 A	65g
蛋白	65g
細砂糖 B	65g
蘭姆酒	12g
焦糖碎粒（市售）	適量

③ 有糖栗子醬

材料	份量
自製栗子泥	取 408g
新鮮或冷凍栗子	900g
轉化糖漿	150g
飲用水	150g

＊若低於此量較不易操作。

材料	份量
葡萄糖漿	35g
蘭姆酒	10g
植物油	30g

建議製作順序

製作 ①〈甜塔皮餅乾〉冷凍鬆弛 ➡ 製作 ②〈蘭姆酒義式奶油霜〉➡ 烘烤 ➡ 製作 ③〈有糖栗子醬〉➡ 組裝

作法

① 甜塔皮餅乾

1 無鹽奶油在室溫回溫至 22-24℃，使用電動打蛋器打成霜狀。（圖 A）

TIP 若使用桌上型攪拌機，請使用槳形頭。

2 將杏仁粉、純糖粉、鹽過篩至鋼盆中，拌勻即可，不要打發。（圖 B）

3 分次加入常溫的蛋液拌勻。（圖 C）

4 再加入過篩的低筋麵粉、高筋麵粉，慢速攪拌至麵團大致成團。（圖 D）

5 放入塑膠袋裡面整形，並擀成 0.2cm 的厚度。冷凍約 30-60 分鐘。

6 將塔皮以栗子造型切割模分割後，放在網洞烤盤墊上，放入預熱好的烤箱中，以 160℃ 烘烤約 20-25 分鐘，取出散熱。（圖 E-F）

A	B	C
D	E	F

② 蘭姆酒義式奶油霜

1 事先將無鹽奶油放置室溫，回溫至 22-24℃。

2 製作義式蛋白霜：將水、砂糖 A 放入鍋中加熱，同時將蛋白、砂糖 B 打發至濕性發泡，等待糖漿溫度到達 118-120℃後，轉高速，緩緩倒入蛋白中，打發至降溫。（圖 G-H）

TIP 蛋白霜不能完全打發，糖漿倒入後會無法吸收，導致成品癱軟。

3 將無鹽奶油稍微打至霜狀，加入義式蛋白霜以及蘭姆酒，使用電動打蛋器或攪拌機拌勻。（圖 I-J）

4 整形成厚度約 0.4cm，撒上焦糖碎粒後，放入冷凍至變硬。（圖 K-L）

TIP 操作時搭配模具塑形可加快速度，若無可省略，直接壓平至所需厚度即可。此處盡可能壓平整，堆疊起來的側面夾心線條才乾淨俐落。

G	H	I
J	K	I

③ 有糖栗子醬

1 將水淹過栗子，外鍋水約 350ml，放入電鍋蒸熟。

TIP 請使用去殼脫膜後的栗子。

2 將蒸熟的栗子瀝乾，放入食物調理機，加入飲用水、轉化糖漿打成泥，再以細網過篩後，取出配方需要的 408g。（圖 M-P）

TIP 飲用水要分次慢慢加入，一邊觀察一邊調整濃稠度。

3 加入葡萄糖漿、蘭姆酒、植物油拌勻，再整形成厚度約 0.4cm 後，放入冷凍至變硬即可。（圖 Q）

④ 組裝

1 準備好栗子造型切割模。（圖 R）

2 將②**蘭姆酒義式奶油霜**切割成栗子形狀。（圖 S）

3 將③**有糖栗子醬**切割成栗子形狀。（圖 T）

4 在①**甜塔皮餅乾**中間夾入以上兩者製作成夾心即可。（圖 U）

M	N	O
P	Q	R
S	T	U

鳥巢花園
泡芙塔

Saint-Honoré in EN's Style

這款泡芙塔的設計概念來自於 Saint-Honoré 聖多諾黑，新詮釋後將批覆泡芙的焦糖使用糖絲來呈現，千層酥皮改用沙布列塔皮取代，搭配清爽的白乳酪香緹。是個外表華麗，內裏清新淡雅的甜點，簡單的組合、材料，非常適合家庭宴客。

難易度 ★★★

製作時間 4H

完成份量 Φ15cm 圓形 ×2 個

模具 菠蘿酥皮：Φ3.8cm 圓形切割模
沙布列塔皮：Φ15cm 切割模、Φ8.8cm 切割模
泡芙：Φ15cm 塔圈、Φ8cm 塔圈

材料

① 菠蘿酥皮

無鹽奶油 …… 25g
Cassonade 鸚鵡糖 …… 30g
中筋麵粉 …… 30g

② 沙布列塔皮

無鹽奶油 …… 65g
中筋麵粉 …… 130g
杏仁粉 …… 20g
純糖粉 …… 50g
鹽 …… 1g
全蛋 …… 25g

③ 泡芙

牛奶 …… 50g
飲用水 …… 50g
無鹽奶油 …… 44g
細砂糖 …… 2g
鹽 …… 2g
中筋麵粉 …… 55g
全蛋 …… 100g

④ 香草白乳酪香緹

白乳酪 …… 85g
動物性鮮奶油 35% …… 175g
細砂糖 …… 25g
香草籽 …… 適量

⑤ 鳥巢糖絲

細砂糖 …… 100g
飲用水 …… 10g
沙拉油 …… 4g
白醋 …… 1 滴

⑥ 裝飾

覆盆子果醬 …… 適量
防潮糖粉 …… 適量
食用玫瑰花瓣 …… 適量
開心果碎粒 …… 適量

建議製作順序

製作 ①〈菠蘿酥皮〉➜ 製作 ②〈沙布列塔皮〉
➜ 製作 ③〈泡芙〉➜ 製作 ④〈香草白乳酪香緹〉
➜ 組裝 ➜ 製作 ⑤〈鳥巢糖絲〉➜ 裝飾

作法

① 菠蘿酥皮

1 先將奶油微波軟化至 22-24℃，用打蛋器攪拌成霜狀後，加入 Cassonade 鸚鵡糖拌勻。

2 接著加入過篩的中筋麵粉，使用刮刀拌勻後，擀成約 0.2cm 的厚度，放入冰箱凍硬約 30-60 分鐘。

3 冷凍之後切割成 3.8cm 的圓形，備用。（圖 A）

② 沙布列塔皮

1 事先將無鹽奶油切成小丁狀，冷藏備用。

2 將中筋麵粉、杏仁粉、糖粉、鹽過篩至鋼盆中，加入冷藏無鹽奶油，使用桌上型攪拌機（槳形），慢速打至約略淡黃色的奶粉狀。

3 慢慢加入蛋液，維持慢速攪拌至麵團大致成團。

4 放入塑膠袋裡面整形，並擀成 0.2cm 的厚度。冷凍 30-60 分鐘。

5 將塔皮切割成外圈 15cm 以及內圈 8.8cm 的中空造型。

6 放入預熱好的烤箱中，以 175℃ 烘烤約 10-15 分鐘。

③ 泡芙

1 將牛奶、水、奶油、細砂糖、鹽放入鍋中，以中火煮沸。

2 倒入過篩的麵粉中，攪拌至無粉類結塊，再倒回鍋內，小火翻炒至有吱吱聲且麵糊溫度為 75-80℃，代表麵糊已糊化完成。

3 麵糊降溫至 60℃ 以下時，分次加入蛋液，每次蛋液必須跟麵糊完全拌勻才可以加入下一次。當麵糊自然滴落時，呈現側邊薄膜狀態的倒三角即可。（圖 B）

4 製作小泡芙：將泡芙麵糊擠出約 2.6cm 的圓形，在麵糊上方鋪①**菠蘿酥皮**。放入預熱好的烤箱中，以 200℃ 烘烤約 12 分鐘後，降溫 190℃ 再烤約 10-13 分鐘，關火燜 5-10 分鐘。（圖 C-E）

5 製作大泡芙：使用 15cm 與 8cm 的網洞塔圈作為外圈與內圈，將泡芙麵糊擠在兩者之間。上方蓋一層網洞烤墊後，再蓋上一層重量較重的烤盤（在此以藍鋼烤盤示範）。（圖 F-G）

TIP 擠餡時請盡量避免泡芙麵糊跟塔圈接觸，烘烤時塔圈容易被帶起，建議保持距離約 0.5cm。

6 放入預熱好的烤箱中，以 195℃ 烘烤約 15 分鐘，降溫 185℃ 再烤約 10-12 分鐘，關火，燜 10 分鐘。（如圖 H）

④ 香草白乳酪香緹

1 將白乳酪、鮮奶油、細砂糖、香草籽使用打蛋器攪拌至乾性發泡。（圖 I）

A B C
D E F
G H I

⑤ 鳥巢糖絲

1 鍋中放入全部材料，加熱至約 165-175℃ 做成焦糖。（圖 J-K）

2 準備一個約直徑 15cm 大小的鋼盆翻至背面，待焦糖稍微降溫後（約 150-160℃），用湯匙撈起焦糖，在上方纏繞出糖絲。（圖 L）

TIP 將焦糖鍋放置熱水中讓糖液持續保溫，防止因為變冷而造成糖液凝固。

---

⑥ 組裝・裝飾

1 取 6 顆**③小泡芙**，每顆擠入約 10g **④香草白乳酪香緹**，以及 3g 覆盆子果醬。（圖 M）

2 將**③大泡芙**的底部戳洞，擠入約 30g 的**④香草白乳酪香緹**。（圖 N）

3 將大泡芙放在**②沙布列塔皮**上方，再擺上 6 顆小泡芙。

4 在小泡芙之間使用花嘴擠出**④香草白乳酪香緹**，然後均勻撒上防潮糖粉。（圖 O）

5 把製作好的**⑤鳥巢糖絲**放在最上層，並用玫瑰花瓣、開心果碎粒做裝飾。

製作漂亮的糖絲裝飾

添加少許的沙拉油是為了拉出的糖絲在視覺上更油亮，也可以用耐高溫、沒有味道的油類取代。白醋的用意在於可以增加糖絲的長度以及細度。

J	K	L
M	N	O

CHAPTER 03

冷色系

COOL COLOR

《 實 作 篇 》

GREEN

草莓抹茶瑪德蓮

抹茶 QQ 肥南雪

Crazy Puff 花圈泡芙

紅舞鞋花園

ZEN 抹茶優格慕斯塔

PURPLE

無花果塔

紫薯塔

真空櫻桃禮盒

草莓抹茶瑪德蓮

Matcha Madeleine with Strawberry Chocolate Coating

草莓的紅令人垂涎欲滴，搭配著抹茶的一抹綠，看似聖誕樹的模樣最應景。入口一絲抹茶的清香再帶點草莓微酸的氣息，完美的新年甜點就此誕生。

難易度 ★

製作時間 1-2H

完成份量 8個

模具 貝殼瑪德蓮模具（本配方使用千代田模具）

材料

① 抹茶瑪德蓮

全蛋 1顆
上白糖 50g
海藻糖 10g

低筋麵粉 50g
泡打粉 1.5g
抹茶粉 3g
鹽 0.5g

無鹽奶油 50g
牛奶.....................7g

② 草莓巧克力脆殼

草莓巧克力.......... 100g
可可脂 100g

建議製作順序

製作 ①〈抹茶瑪德蓮麵糊〉冷藏一夜 ➡ 烘烤

➡ 製作 ②〈草莓巧克力脆殼〉➡ 組裝

作法

① 抹茶瑪德蓮

1 事先將低筋麵粉、泡打粉、抹茶粉、鹽過篩。

2 無鹽奶油、牛奶加熱至 50-60℃ 並且維持溫度。（圖 A）

3 將全蛋、上白糖、海藻糖加熱至 22-25℃ 混合均勻，分次倒入步驟 1 的粉類拌勻，直到無結塊。（圖 B-D）

TIP 使用桌上型攪拌機時，請用槳形器具。

4 再分次加入步驟 2 的油類拌勻即可，冷藏靜置一晚。（圖 E-F）

5 麵糊使用前請回溫至 25℃，倒入模具約 9 分滿，放進預熱好的烤箱中，以 200℃ 烘烤約 3-4 分鐘後，降溫 190℃ 再烤 8-9 分鐘。

TIP 建議使用模具前，先刷上薄薄的一層奶油。如果你的模具烤完後會沾黏，記得刷完奶油後還要撒上麵粉。

---

② 草莓巧克力脆殼

1 將做好的①**抹茶瑪德蓮**冷凍 15-30 分鐘。

2 草莓巧克力、可可脂微波融化至 40-45℃ 後，降溫至 25℃。

3 取出冷凍的①**抹茶瑪德蓮**，沾裹步驟 2，乾了之後再沾裹一次，完成披覆。（圖 G-H）

TIP 瑪德蓮需先冷凍至表面溫度降低，巧克力沾裹時才會遇冷凝結。

A	B	C
D	E	F
G	H	

抹茶 QQ 肥南雪

Matcha Financier with Matcha Chocolate Coating

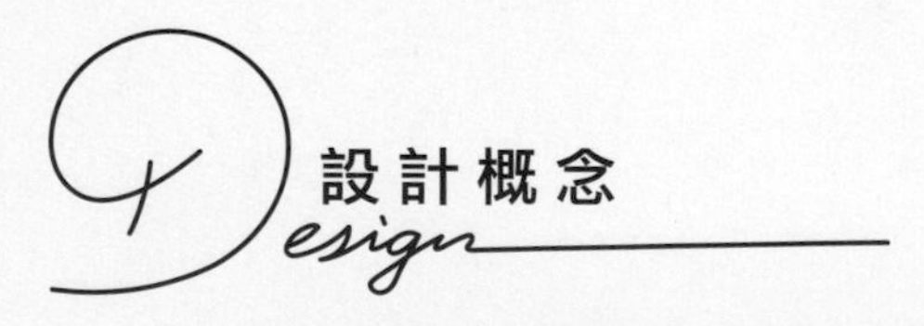

設計概念

瑪利歐裡面有個「踩了就會生氣的毛毛蟲」，如果你懂我在說什麼，表示我們都是瑪利歐迷。擠擠花、淋上抹茶巧克力、撒撒金箔，這個綠毛蟲造型的抹茶麻糬費南雪就此誕生！

難易度 ★　　**製作時間** 1-2H

完成份量 8 個　　**模　具** L16cm×W3cm×H2.5cm 磅蛋糕模

材料

① 抹茶費南雪

- 蛋白（室溫）............. 85g
- 三溫糖 28g
- 純糖粉 40g
- 杏仁粉 52g
- 蜂蜜 10g
- 低筋麵粉 40g
- 抹茶粉 10g
- 鹽 1.5g
- 無鹽奶油 52g
- 原味麻糬 .... 適量

② 批覆抹茶巧克力

- 調溫白巧克力 32% 160g
- 可可脂 30g
- 芥花油 10g
- 抹茶粉 10g
- 杏仁角 .... 適量

③ 抹茶奶油餡

- 瑞士蛋白霜 .... 取 30g
  - 細砂糖 32g
  - 蛋白 45g
  - 葡萄糖漿（可省略）....... 2g
- 無鹽奶油 160g
- 抹茶粉 10g

④ 裝飾

- 金箔（可省略）......... 適量

建議製作順序

製作 ①〈抹茶費南雪〉➡ 製作 ②〈批覆抹茶巧克力〉

➡ 製作 ③〈抹茶奶油餡〉➡ 冷凍 ①〈抹茶費南雪〉➡ 組裝 ・ 裝飾

作法

① 抹茶費南雪

1 將室溫蛋白以打蛋器打發至整體佈滿如洗手泡泡般的泡沫時（圖 A），加入三溫糖充分混合後，再加入過篩的糖粉混合至無粉狀。

2 一口氣倒入過篩的杏仁粉，使用打蛋器充分拌勻。

3 接著加入蜂蜜混合後，分次將已過篩好的低筋麵粉、抹茶粉、鹽混合倒入，充分拌勻至無粉類結塊。（圖 B）

4 製作焦化奶油：將無鹽奶油放入鍋中，中火加熱至散發榛果香氣、呈茶褐色（過程中需攪拌避免燒焦），離火，隔冷水降溫，避免餘溫使顏色繼續加深。（圖 C-D）

5 當焦化奶油降溫至 50-55℃ 時，一邊過濾一邊分 2-3 次倒入步驟 3 的麵糊中。（圖 E）

TIP

- 每次倒入時，焦化奶油都要確實和麵糊混合均勻，動作要快速以免奶油降溫後變得濃稠難以混合。
- 過濾時盡量使用細目篩網，避免殘渣和不純的雜質混入麵糊。

6 完成的麵糊覆蓋保鮮膜，冷藏鬆弛約 2-3 小時。

TIP 麵糊完成的溫度約 40-45℃。

7 將麵糊裝入擠花袋，填入模具中約每個 35g，再分別放入適當大小的麻糬（圖 F）。放進預熱好的烤箱中，以 190℃ 烘烤約 8-12 分鐘（烘烤時間需依照實際情況調整）。

TIP 建議模具使用前，先刷上薄薄一層無鹽奶油以及麵粉。

A	B	C
D	E	F

② 批覆抹茶巧克力

1 白巧克力、可可脂、芥花油融化至 40-45℃後，加入抹茶粉、杏仁角拌勻即可。（圖 G）

---

③ 抹茶奶油餡

1 製作瑞士蛋白霜：蛋白、細砂糖、葡萄糖漿隔水加熱至 55-58℃，打發成挺立的狀態後，降溫至 36-40℃使用。（圖 H）

2 將無鹽奶油放室溫回溫後，用打蛋器打成霜狀，加入抹茶粉拌勻。（圖 I）

3 取 30g 的瑞士蛋白霜，加入抹茶奶油中混合均勻即可。

---

④ 組裝 · 裝飾

1 將①**抹茶費南雪**冷凍 30 分鐘取出，沾裹②**批覆抹茶巧克力**。（圖 J-K）

2 使用圓形花嘴將③**抹茶奶油餡**擠在抹茶費南雪上，最後擺上金箔裝飾。（圖 L-N）

G | H | I
J | K | L
M | N

Crazy Puff
花圈泡芙

Matcha Flavor Cream Puff

「Crazy Puff」為什麼 Crazy，因為比一般的泡芙還大。雜工說這是以我兒子為範本所設計，的確當初為了要做小泡芙給萊恩練習抓著吃，看著他的圓滾滾、手臂大腿一圈圈的身形便產生了靈感，剛好又遇到聖誕節很符合聖誕花圈，當作餐桌上的飯後甜點再適合不過。

難易度 ★★★
製作時間 3-4H
完成份量 6 組
模具 泡芙麵糊：Φ1.5cm 小半圓形矽膠模（silikomart）
抹茶菠蘿酥皮：Φ3.8cm 圓形壓模

材料

① 泡芙麵糊

牛奶	84g
飲用水	84g
無鹽奶油	84g
細砂糖	5g
鹽	3g
中筋麵粉	100g
全蛋（室溫）	150g

② 抹茶菠蘿酥皮

無鹽奶油	150g
Cassonade 鵝鶘糖	130g
海藻糖	50g
中筋麵粉	180g
抹茶粉	15g

③ 抹茶香緹鮮奶油

動物性鮮奶油 35%	200g
細砂糖	13g
吉利丁塊	12g
抹茶粉	10g

④ 卡士達醬

牛奶	240g
蛋黃	3 顆
細砂糖	90g
玉米粉	7g
低筋麵粉	7g

⑤ 裝飾

抹茶粉	適量

建議製作順序

製作 ②〈抹茶菠蘿酥皮〉➡ 製作 ③〈抹茶香緹鮮奶油〉➡ 製作 ④〈卡士達醬〉➡ 製作 ①〈泡芙麵糊〉➡ 烘烤 · 組裝 · 裝飾

作法

① 泡芙麵糊

1 將牛奶、水、無鹽奶油、細砂糖、鹽放入鍋中，以中火煮沸。（圖 A-B）

TIP
- 奶油先小火融化，再加入水、牛奶大火煮沸，可避免損耗太多。
- 請確實煮沸至白色泡泡填滿表面的狀態。

2 倒入過篩的中筋麵粉，攪拌至無粉類結塊。鍋內小火翻炒至有吱吱聲，並且麵糊溫度達到 75-80℃，代表麵糊已糊化完成。（圖 C-D）

3 麵糊降溫至 60℃以下，分次加入蛋液，每次蛋液必須跟麵糊完全拌勻才可以加入下一次。當麵糊自然滴落呈倒三角、側邊有薄膜即可。（圖 E）

TIP
- 請使用室溫雞蛋，溫度維持在 22-25℃。
- 每次倒入蛋液為總量的一半，持續到加完為止。一次加入會造成麵糊蛋液無法吸收，容易失敗。
- 若加完配方中的蛋液用量還是過於濃稠，請使用溫熱的牛奶來調整濃稠度，以免影響烤焙的成果。
- 使用桌上型攪拌機時，請使用槳形器具。

4 擠入模具當中，並且均勻刮平，冷凍到可輕易脫模。（圖 F）

TIP 建議使用半圓形的矽膠模，可確保泡芙大小一致。如果沒有適合的模具，也可以改用直徑約 1.5cm 的圓形花嘴擠花。

A	B	C
D	E	F

② 抹茶菠蘿酥皮

1 無鹽奶油微波軟化至 22-24℃，室溫軟化也可以。

TIP 冷藏後直接微波軟化的無鹽奶油，更能夠保有奶油風味不易變質。

2 無鹽奶油用打蛋器攪拌成霜狀，混合 Cassonade 鸚鵡糖、海藻糖拌勻。

TIP

- 相較於普通砂糖，Cassonade 鸚鵡糖甜度細緻溫潤充滿蔗香味，而且顆粒較大，用在酥皮會有卡吱卡吱的口感。
- 海藻糖本身不易上色不會產生梅納反應，能有限度維持抹茶粉的顏色。

3 再加入過篩的中筋麵粉、抹茶粉，用刮刀拌勻後，擀成約 0.2cm 的厚度，冷凍到方便操作的硬度。

---

③ 抹茶香緹鮮奶油

1 將鮮奶油以及砂糖以高速打發至有痕跡前，倒入已微波融化的吉利丁塊。

TIP 吉利丁溶液不能太晚下且溫度不能太低，遇到冰冷的鮮奶油容易結塊。

2 當鮮奶油打至 5-6 分發時，加入過篩的抹茶粉，繼續打發至可擠花的狀態後，冷藏 30-60 分鐘，穩定鮮奶油。

TIP 也可以加入玉米粉和糖粉，增強定型的作用。

---

④ 卡士達醬

1 牛奶加熱至微溫。蛋黃以及砂糖使用打蛋器打至泛白、砂糖融化，並加入過篩的玉米粉、低筋麵粉拌勻。

TIP 使用玉米粉製作出來的卡士達醬較為滑順。

2 將牛奶倒入麵糊當中拌勻，再倒回鍋中，以小火煮至冒泡後約 20-30 秒離火，卡士達醬光滑柔順即可。

TIP 卡士達醬在初期加熱過程中會因升溫逐漸變得濃稠，開始冒泡泡後持續攪拌會慢慢變得光滑。

3 煮好的卡士達醬必須儘速隔著冰水降溫，並倒入淺盤內服貼上保鮮膜，冷藏保存。使用前再用打蛋器拌勻即可。

⑤ 烘烤 · 組裝 · 裝飾

1 取 6 個圓形①**泡芙麵糊**排成六角形。將②**抹茶菠蘿酥皮**使用 Φ3.8cm 圓形壓模切割成圓形，再切割成半月形後，鋪在泡芙上方（一組花型泡芙需要 12 片，製作六組共需 72 片）。（圖 G）

TIP
- 冷凍的泡芙麵糊排好形狀後，可先稍微等待回溫再鋪菠蘿酥皮，比較容易操作。
- 可在泡芙麵糊上均勻噴水霧，防止麵糊表皮乾燥而膨脹效果不佳。
- 用不完的泡芙麵糊可冷凍保存。

2 放進預熱好的烤箱中，以 200℃ 烤約 12 分鐘，降溫 190℃ 再烤約 10-13 分鐘，關火後再燜 5-10 分鐘。（圖 H）

TIP
- 烘烤泡芙的初期溫度要高，等到泡芙定型後，再降溫繼續將內部烤熟。
- 抹茶粉本身不耐高溫，如果想要維持鮮綠色，快完成烘烤前必須在旁邊顧爐，以免上色太深。
- 烘烤花型泡芙時不能中途開風門，烤到定型時也不能開門，泡芙接縫處會因快速降溫而萎縮，連結不起來。
- 泡芙殼烘烤完成後，如果當天沒有要食用請密封冷藏。填入餡料前，先預熱烤箱至 160℃ 後，關爐火放入泡芙殼，以餘溫燜 5-10 分鐘讓水分散去。

3 將花型泡芙的背面朝上，戳出小洞，使用圓形花嘴在每一顆內填入約 20g 的④**卡士達醬**。（圖 I）

4 接著在每一顆小泡芙上擠一球③**抹茶香緹鮮奶油**後，冷凍 5-10 分鐘定型。（圖 J）

TIP 花嘴用最大的圓形花嘴。一小顆泡芙鮮奶油約擠 10-11g。

5 以小湯匙向下壓出一個凹洞，填入④**卡士達醬**，蓋上另一個花型泡芙。（圖 K-M）

6 最後均勻撒上抹茶粉即完成。（圖 N-O）

G	H	I
J	K	L
M	N	O

COLUMN

專欄

關於泡芙

泡芙麵糊的糊化作用

泡芙的原理，是將大量含水的麵糊送入烤箱烘烤，當麵糊表面遇熱結皮，高溫形成的水蒸氣被封在內部，就會形成壓力往外推擠，出現膨脹、中空的效果。

因此，泡芙能夠成功的關鍵，在於將加熱到約 100℃的液體與麵粉結合的「糊化作用」。經過糊化的麵粉可以吸進大量水分，比平常承載更多的液體，就像是燙麵法做出來的蛋糕一樣，較為柔軟。

澱粉糊化的溫度大約從 65℃開始，95℃達到高峰。熱液體倒入麵粉會稍微降溫，所以要再次翻炒加熱，提高整體溫度，加快糊化的過程，最終麵糊的溫度需達到 75-80℃。

如果泡芙烘烤膨脹效果不佳，有可能是在糊化過程沒有到達需求溫度及狀態。判斷糊化完成的方式有三種：**1. 鍋底產生白色薄膜、2. 有聽到油脂釋放的吱吱聲、3. 以溫度計測量麵糊的溫度為 75-80℃。**

另外要注意，為了避免還沒有完成糊化，鍋底就產生白色薄膜，**翻炒麵糊時務必全程使用小火。**火侯的控制也可以避免翻炒過頭導致麵糊出油。

泡芙中的奶油、牛奶、水，液體油脂的重要性

奶油在這邊扮演的角色是增強泡芙麵糊的延展性，可以減緩麩質的形成。配方中的奶油能不能改成植物油？當然可以！使用植物油可以使泡芙殼更加酥脆，但是缺少奶油香氣，也可以兩者同時使用，或者在內餡中補足奶油風味。

液體的作用主要是幫助澱粉糊化。使用牛奶有增加風味還有增色效果，也可以全部用水取代。

低筋、中筋、高筋麵粉對於泡芙的影響

低筋麵粉製作出來的泡芙體積大，外皮較薄且整體口感柔軟，加入內餡後口感一致柔軟滑順；高筋麵粉製作出來的泡芙膨脹體積相對較小，外皮厚且脆硬，填入內餡後比較有口感；中筋麵粉則是整體表現適中。

製作泡芙時雞蛋的乳化作用

當麵糊糊化完成，降溫至約 60℃時，就要加入雞蛋進行乳化（必須先降溫，避免麵糊太熱導致雞蛋變熱）。此時**蛋液溫度要維持在 22-25℃**，如果太冷，麵糊會因為降溫太快變得太硬，影響對濃稠度的判斷，容易不小心加入過多蛋液，導致烤出來的泡芙變得比較小顆。

蛋液一定要分次加入，每次加入部分蛋液後，確實跟麵糊充分拌勻，才可以再加入下一次蛋液。麵糊與蛋液的乳化動作必須一氣呵成，避免過長的操作時間讓麵糊冷卻。蛋液加完後麵糊必須維持微溫的狀態。

雞蛋在這邊扮演的角色是：**1. 適當提供水分調節麵糊軟硬度、2. 利用加熱後的蛋白質支撐泡芙形狀。**

如果蛋白不足（水分）或蛋黃不足（油脂），都會使泡芙本體變得較小。因此，必須以不改變配方中的雞蛋量為主。如果蛋液加完，麵糊還是過於濃稠不好操作，這時只能加入溫熱的牛奶來調節。相反的，如果尚未加完就已經到達理想狀態，也不需要再加入。每一次需要的蛋液量多寡都會有些許差異，有可能受到糊化時的水分蒸發量，或者是麵糊操作時的溫度所影響（上方提到過冷的麵糊會導致誤判加入過多的蛋液）。

完成乳化作用的狀態：

1. 麵糊呈現微溫狀態。

2. 滑順有光澤。

3. 提起麵糊不會迅速掉落，而是以緩慢的緞帶狀慢慢掉落，舉起的麵糊自然呈現倒三角、兩側有薄膜、手指劃開不會馬上密合。

注意以上這幾點就可以提高泡芙的成功率。

紅舞鞋花園

Red Dance Shoes in the Garden Sablé Tart

難易度	製作時間	完成份量	模具
★★★	6H	Φ18cm 圓形 ×2 個	Φ18cm 圓形網洞塔圈 Φ8cm 圓形網洞塔圈

設計概念

這是創立「大口心心」粉絲專頁第一個公開亮相的作品，以聖誕花圈作為靈感設計出一系列 HALO 中空甜點系列。此命名是在粉絲專頁投票中選出，以開心果穆斯林奶油醬做出花園裡的開心果玫瑰造型，草莓就像是紅舞鞋般在上方跳躍著。

材料

① 沙布列塔皮

無鹽奶油	140g
低筋麵粉	140g
高筋麵粉	140g
杏仁粉	40g
純糖粉	110g
鹽	1g
全蛋	50g
蛋液	適量

＊蛋液＝蛋黃 100g ＋鮮奶油 15g

② 杏仁奶油餡

無鹽奶油	80g
純糖粉	80g
全蛋	80g
蘭姆酒	5g
杏仁粉	80g

③ 卡士達醬

牛奶	200g
細砂糖	15g
香草莢（取籽）	1 根
蛋黃	50g
細砂糖	15g
玉米粉	8g
低筋麵粉	8g

④ 開心果穆斯林奶油霜

卡士達醬	200g
無鹽奶油	85g
開心果泥	60g

⑤ 裝飾

覆盆子果醬	適量
草莓	適量
藍莓	適量

建議製作順序

製作 ①〈沙布列塔皮〉冷凍鬆弛 ➡ 製作 ②〈杏仁奶油餡〉

➡ 塔皮入模冷藏 ➡ 製作 ③〈卡士達醬〉

➡ 組裝 ・ 烘烤 ➡ 製作 ④〈開心果穆斯林奶油霜〉➡ 裝飾

作法

① 沙布列塔皮

1 將低筋麵粉、高筋麵粉、杏仁粉、糖粉、鹽過篩至鋼盆中，加入切小丁的冷藏無鹽奶油，使用桌上型攪拌機（槳形）慢速打至約略淡黃色的奶粉狀。

2 慢慢加入蛋液，維持慢速攪打到麵團大致成團。

TIP 加完蛋液後不會立即成團，需持續慢速攪拌，這時候不要額外再加蛋液，以免過於濕潤。

3 將麵團放入塑膠袋裡面整形，並擀成 0.2cm 的厚度後，冷凍鬆弛 30-60 分鐘。

4 麵團取出後，切割成寬度約 2.2cm 的長條形塔皮側邊，以及比 18cm 圓形塔圈小 0.4-0.5cm 的圓形底部。將切好的塔皮入模，先圍邊再入底。（圖 A）

5 接著於底部中心切出約 8.5cm 的圓形孔。（圖 B-C）

6 另外用長條形塔皮圍繞 8cm 圓形塔圈的外側，再放入塔皮正中心，將接縫處確實捏合後，斜切（內高外低）去除多餘的塔皮，冷藏 30-60 分鐘。（圖 D-E）

7 接著放入預熱好的烤箱中，以 150-160℃／20 分鐘盲烤完出爐後，利用餘溫快速刷上蛋液。（圖 F）

A	B	C
D	E	F

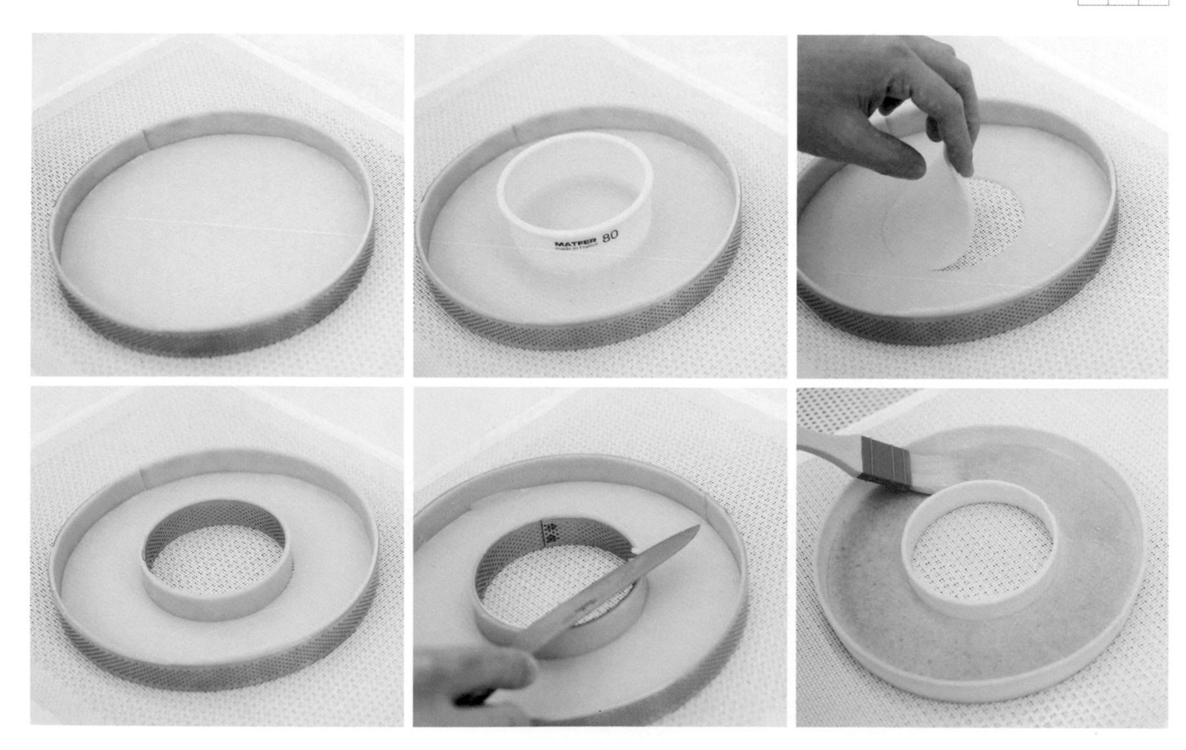

② 杏仁奶油餡

1 事先將無鹽奶油的溫度回溫軟化到約 22-24℃後，拌入糖粉，再分次加入蛋液、蘭姆酒，最後加入杏仁粉拌勻。（圖 G）

TIP 全程使用刮刀攪拌以減少空氣的拌入。

③ 卡士達醬

1 將牛奶、砂糖、香草籽加熱至微溫。

TIP 香草莢取出籽後先靜置在牛奶中，可以增加香氣。

2 蛋黃與砂糖使用打蛋器攪拌至顏色變白、砂糖融化，加入過篩的玉米粉、低筋麵粉拌勻。

3 將步驟 1 的牛奶液倒入麵糊當中拌勻，再倒回鍋中以小火煮至冒泡，持續約 20-30 秒後離火，卡士達醬光滑柔順即可。

TIP 卡士達醬會因升溫逐漸變得濃稠，煮到開始冒泡冲依持續攪拌，曾慢慢變得光滑。

4 煮好的卡士達醬必須儘速隔冰水降溫，並倒入淺盤內，服貼上保鮮膜，冷藏保存。使用前再次用打蛋器拌勻即可。

④ 開心果穆斯林奶油霜

1 無鹽奶油回溫至 22-24℃，以打蛋器打軟成霜狀，再分次加卡士達醬拌勻，即為穆斯林奶油霜。（圖 H）

TIP 卡士達醬使用前要先恢復到微溫狀態，避免與奶油混合時油水分離。

2 將穆斯林奶油餡分成玫瑰花以及葉子兩個部分，加入室溫的開心果泥拌勻。玫瑰花＝穆斯林奶油餡約 190g ＋開心果泥 50g；葉子＝剩餘的穆斯林奶油餡＋開心果泥 10g。（圖 I）

TIP 市面上開心果泥有分加色素及無添加的兩種，依個人喜好選擇即可，想要鮮豔一點也可以額外添加綠色色膏調整。

G | H | I

⑤ 組裝 · 烘烤 · 裝飾

1 待①**沙布列塔殼**降溫後，填入②**杏仁奶油餡**約60-65g，擠入覆盆子果醬 30g，再次填入杏仁奶油餡約 80g，接著進烤箱以 150-160℃ 烘烤 20-25 分鐘。（圖 J-L）

2 出爐後脫模，外面刷蛋液，再進烤箱以 150-160℃ 烤 5-8 分鐘，將蛋液烤乾即可。

3 散熱後，將④**開心果穆斯林奶油霜**用鋸齒型花嘴擠出玫瑰花，再使用狹長三角花嘴擠出葉子，最後以草莓、藍莓裝飾。（圖 M-O）

J	K	L
M	N	O

ZEN
抹茶優格慕斯塔

Matcha Ganache & Yuzu Yogurt Mousse Tart

「ZEN」是日文「禪」的意思，
對於「禪」的印象，就是日式庭院、枯木以及寧靜感。
設計「ZEN」起因於，當時正處於混亂時期，
休個長假到處走走，剛好來到一處充滿禪意的日式庭院。
簡潔有力的線條、當下才能體會的靜謐，
讓我決定以甜點重現這個讓心靈短暫歸零的空間。
味道上使用日式食材抹茶、柚子，造型上則結合了
巧克力製作的枯枝、抹茶蛋糕的草叢以及代表白砂的同心圓慕斯。
繁忙充斥我們的生活，裝飾這款甜點時，內心卻無比平靜。

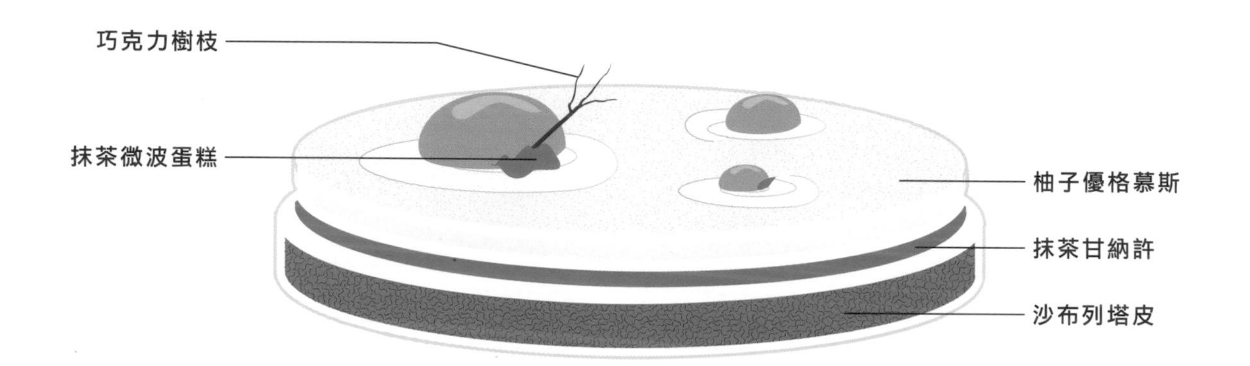

Matcha Ganache & Yuzu Yogurt Mousse Tart

難易度	製作時間	完成份量	模具
★★★★	6H	2個	沙布列塔皮： Φ16cm 圓形網洞塔圈 柚子優格慕斯： 螺旋模具、石頭模具

材料

① 沙布列塔皮

- 無鹽奶油 140g
- 低筋麵粉 140g
- 高筋麵粉 140g
- 杏仁粉 40g
- 純糖粉 90g
- 海藻糖 20g
- 鹽 1g
- 全蛋 50g

② 柚子優格慕斯

- 優格 296g
- 轉化糖漿 52g
- 柚子汁 52g
- 吉利丁塊 96g
- 動物性鮮奶油 35% 267g
- 柚子醬（石頭裝飾用）... 少許

③ 抹茶甘納許

- 動物性鮮奶油 35% 140g
- 轉化糖漿 12g
- 葡萄糖漿 12g
- 調溫白巧克力 32% 160g
- 抹茶粉 20g
- 抹茶酒 2g

④ 抹茶微波蛋糕

- 全蛋 .... 1 個
- 細砂糖 20g
- 葡萄糖漿 50g
- 低筋麵粉 20g
- 抹茶粉 2g
- 泡打粉 2g

⑤ 批覆、噴砂可可脂

- 白巧克力 160g
- 可可脂 160g
- 白色油性色粉 .... 適量
- 黑色油性色粉 .... 適量

⑥ 巧克力樹枝

- 免調溫巧克力 .... 適量

建議製作順序

製作 ①〈沙布列塔皮〉冷凍鬆弛 ➡ 塔皮入模冷藏

➡ 製作 ②〈柚子優格慕斯〉➡ 塔殼烘烤

➡ 製作 ④〈抹茶微波蛋糕〉

➡ 製作 ③〈抹茶甘納許〉，灌入塔殼冷藏定型

➡ ②〈柚子優格慕斯〉灌模冷凍 ➡ 製作 ⑥ 巧克力樹枝 ➡ 組裝・裝飾

作法

① 沙布列塔皮

1 將低筋麵粉、高筋麵粉、杏仁粉、糖粉、海藻糖、鹽過篩至鋼盆中，加入切成小丁的冷藏無鹽奶油（圖 A），使用桌上型攪拌機（槳形）慢速攪拌至約略淡黃色的奶粉狀。

2 接著慢慢加入蛋液，維持慢速攪拌直到麵團大致成團。（圖 B）

3 把麵團放入塑膠袋整形，擀成 0.2cm 的厚度後，冷凍鬆弛 30-60 分鐘。（圖 C）

4 將塔皮切割成寬度約 2.2cm 的長條形側邊，以及比模具小 0.4-0.5cm 的圓形底部。

5 塔皮入模，先圍邊再入底，接著將多餘的塔皮斜切（內高外低）去除。放入預熱好的烤箱中，以 150-160℃ ／ 20 分鐘盲烤完出爐後，拿掉塔圈再烤 5-7 分鐘，出爐後趁熱刷上融化的可可脂（材料份量外）防潮。

---

② 柚子優格慕斯

1 將優格、轉化糖漿、柚子汁稍微加熱至 35-40℃，吉利丁塊微波融化後，將兩者攪拌均匀，降溫至 26-28℃。

2 鮮奶油打至 5-6 分發，加入步驟 1 切拌均勻後，保留 1/4 當內餡用。（圖 D）

3 其餘分別填入螺旋模具和石頭模具中，並於石頭中擠入柚子醬增加風味口感後，放入冰箱冷凍定型。（圖 E-F）

③ 抹茶甘納許

1 鮮奶油、轉化糖漿、葡萄糖漿放入鍋內，用中小火煮沸後降溫至 55-58℃。

TIP 製作甘納許時，鮮奶油必須確實煮沸殺菌，延長保存期限。也可以在配方中加入酒精濃度 40% 的酒抑菌。

2 白巧克力加熱融化至 40-45℃，先取一小部分白巧克力跟過篩的抹茶粉拌勻成糊狀，再倒入剩下的白巧克力拌勻。（圖 G）

3 將步驟 1 倒入步驟 2 中，並加入抹茶酒，以同一方向輕柔攪拌，使其均勻乳化。（圖 H-I）

TIP

- 攪拌甘納許時，從中心點開始以螺旋狀的方式攪拌，將鮮奶油與巧克力結合，刮刀盡量往同一方向，並控制在液體表面下攪拌，可以減少空氣進入。
- 使用均質機乳化效果會更好。

A	B	C
D	E	F
G	H	I

④ 抹茶微波蛋糕

1 將全蛋、砂糖、葡萄糖漿以高速打發，再加入過篩的低筋麵粉、抹茶粉、泡打粉，使用刮刀切拌至無粉類結塊。（圖 J）
TIP 使用微波爐製作蛋糕時，葡萄糖漿的比例會較砂糖高，原因在於微波爐的原理是靠水分震動，單純只用砂糖較為乾硬，適當取代成葡萄糖漿會使蛋糕更柔軟。

2 將麵糊倒入高紙杯中（製作 2 個，每個約 30-40g）。（圖 K）

3 用微波爐強火加熱 50-75 秒至有香味即可。取出後倒扣，在底部用小刀劃十字散熱。（圖 L）

---

⑤ 批覆、噴砂可可脂

1 先取一小部分白巧克力跟已過篩的油性色粉一起融化至 40-45℃，攪拌均勻至無顆粒的濃稠糊狀。

2 剩下的白巧克力和可可脂微波融化或是隔水加熱至 40-45℃後，倒入步驟 1 有顏色的巧克力，攪拌均勻。
TIP 如果顏色還沒到達理想的狀態，需要依照白巧克力：可可脂＝1：1 的比例原則，再加入油性色粉重複步驟 1 的作法，直到調出理想中的顏色。

⑥ 巧克力樹枝

1 使用免調溫巧克力融化至 40℃，在冰水中擠出長條樹枝的形狀備用。

---

⑦ 組裝 · 裝飾

1 在①**沙布列塔殼**中填入約 145g 的③**抹茶甘納許**，冷藏至表面定型後，填入約 95g 的②**柚子優格慕斯**。並且使用巧克力噴砂機將⑤**可可脂**噴砂於表面，呈現砂子的效果。（圖 M-O）
TIP 若沒有巧克力噴砂機，也可以改購買市售的噴式可可脂直接噴灑。

2 將做好的②**石頭**浸入⑤**可可脂**中後取出，接著和②**螺旋**一起放到塔上，進行噴砂。（圖 P-Q）

3 最後擺上④**抹茶微波蛋糕**以及⑥**巧克力樹枝**裝飾即完成。（圖 R）

J	K	L
M	N	O
P	Q	R

(COLUMN)

專 ———— 欄

關於甘納許

製作甘納許為什麼要使用轉化糖漿、葡萄糖漿？

甘納許在法文中，其實就是巧克力加上鮮奶油的意思。因為具有高含量的鮮奶油和其他液體，因此製作時會加入具有控水功能的液態糖類—「轉化糖漿」以及「葡萄糖漿」，提高液態原料的承載結構，達到降低冰點、防止砂糖反結晶、提升乳化穩定性的作用。

同時使用兩種糖的用意，在於截長補短。轉化糖漿比砂糖分子小，不會有融化不全導致再次結晶的問題，且具有抑菌作用、保水性佳，但因為甜度很高（高於蔗糖），所以會透過搭配甜度只有砂糖 70% 的葡萄糖漿，達到中和的效果。

如何搶救油水分離的甘納許？

油水分離是很多人製作甘納許常面臨的問題。造成甘納許油水分離的原因，在於混合時的溫度。因為鮮奶油裡的脂肪以及巧克力中的可可脂，遇到低溫會開始結晶，導致無法乳化均勻。

如果遇到油水分離的狀況，有兩種方式補救：

1. 如果有均質機，可以先讓甘納許回溫至 38-40℃，再使用均質機來補救。

2. 先將甘納許回溫至 38-40℃，準備一小匙微溫的水，慢慢倒入油水分離的甘納許當中，持續攪拌均勻直到恢復光滑柔順的狀態。建議不要使用鮮奶油，因為會改變原本的配方比例。

無花果塔

Fig Tart with Balsamic

靈感來自於某次品嚐到的無花果沙拉。
船型的塔殼就像裝載沙拉的木盆，將豐盛的無花果裝入其中，
伯爵杏仁海綿蛋糕則像是麵包丁，
並搭配巴薩米克醋的醋韻味，以及增加乳香風味的白乳酪，
品嚐時清爽又無負擔。

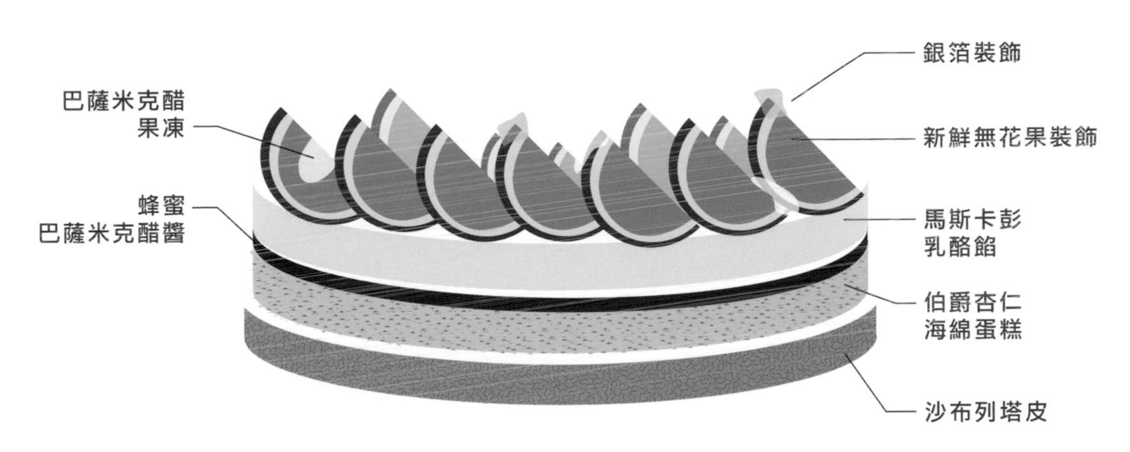

Fig Tart with Balsamic

難易度	製作時間	完成份量
★★★	4H	12cm 菱形 ×4 個

模　具

沙布列塔皮：12cm 菱形網洞塔圈
伯爵杏仁海綿蛋糕：L60cm×W40cm 烤盤＋矽膠墊

材料

① 沙布列塔皮

- 無鹽奶油 140g
- 低筋麵粉 140g
- 高筋麵粉 140g
- 杏仁粉 40g
- 純糖粉 110g
- 鹽 1g
- 全蛋 50g
- 蛋液 .... 適量

＊蛋液＝蛋黃 100g ＋ 鮮奶油 15g

② 伯爵杏仁海綿蛋糕

- 低筋麵粉 110g
- 伯爵茶粉 10g
- 杏仁粉 130g
- 純糖粉 100g
- 全蛋 165g
- 蛋白 245g
- 細砂糖 120g

③ 蜂蜜巴薩米克醋醬

- 巴薩米克醋 60g
- 蜂蜜 30g
- 三溫糖 15g

④ 馬斯卡彭乳酪餡

- 馬斯卡彭起司 100g
- 白乳酪 80g
- 海鹽 2g
- 動物性鮮奶油 35% 80g

⑤ 巴薩米克醋果凍

- 飲用水 80g
- 細砂糖 36g
- 白酒 50g
- 吉利丁塊 55g
- 蜂蜜 5g
- 巴薩米克醋 5g

⑥ 裝飾

- 無花果 .... 適量
- 銀箔（可省略）.......... 少許

建議製作順序

製作 ①〈沙布列塔皮〉冷凍鬆弛 ➡ 製作 ②〈伯爵杏仁海綿蛋糕〉

➡ 塔皮入模冷藏鬆弛 ➡ 製作 ③〈蜂蜜巴薩米克醋醬〉➡ 塔殼烘烤

➡ 製作 ④〈馬斯卡彭乳酪餡〉

➡ 製作 ⑤〈巴薩米克醋果凍〉➡ 組裝 ・ 裝飾

作法

① 沙布列塔皮

1 事先將無鹽奶油切成小丁狀後冷藏。

2 將低筋麵粉、高筋麵粉、杏仁粉、糖粉、鹽過篩至鋼盆中，加入冷藏的無鹽奶油，使用桌上型攪拌機（槳形）慢速打至約略淡黃色的奶粉狀。

3 慢慢加入蛋液，維持慢速攪拌到麵團大致成團。

TIP 加完蛋液後不會立即成團，需持續慢速攪拌，這時候不要額外再加蛋液進去，以免過於濕潤。

4 將麵團放入塑膠袋裡面整形，並擀成 0.2cm 的厚度。放入冰箱冷凍鬆弛 30-60 分鐘。

5 依照所需的量，切割出寬度約 2.2cm 的長條形塔皮側邊，以及比模具小 0.4-0.5cm 的底部。

6 將塔皮入模，先圍邊再入底，之後再將多餘的塔皮以斜切（內高外低）的方式去除（圖 A-B）。放入冰箱冷藏 30-60 分鐘。

7 接著放入預熱好的烤箱中，以 150-160℃／15-20 分鐘盲烤完出爐後，脫模刷蛋液，再烤 5-6 分鐘，取出散熱。（圖 C）

② 伯爵杏仁海綿蛋糕

1 事先將低筋麵粉、伯爵茶粉過篩，備用。

TIP 伯爵茶粉可以先使用磨豆機或食物調理機磨成細粉，口感較佳。

2 將杏仁粉、糖粉過篩至鋼盆，加入全蛋，使用打蛋器打至顏色泛白。

3 砂糖分三次加入蛋白，打發至舉起打蛋器，前端呈小彎勾狀態的蛋白霜。

TIP

- 蛋白打發前先加入配方中少許的砂糖，可增加蛋白的穩定度。
- 打發蛋白霜的速度：高→中→低（最後轉低速讓氣泡細緻，烤出來的蛋糕體氣孔才會比較小）。

4 取 1/3 的蛋白霜加入步驟 2，並分三次加入步驟 1 的粉類，以刮刀切拌至無粉類殘留，最後加入剩餘的 2/3 蛋白霜切拌均勻。

TIP 步驟2（杏仁粉、糖粉、全蛋）和蛋白霜混合到依稀還有黃白色的狀態時，就可以加入粉類，避免過度攪拌導致消泡。

5 將麵糊倒入烤盤中（上面鋪矽膠墊），大致平鋪後使用長尺輔助刮平，放入預熱好的烤箱中，以 180℃烘烤 15-18 分鐘。

A B C

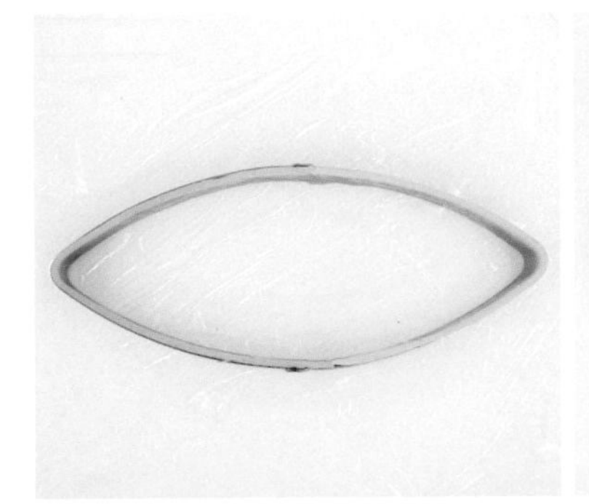

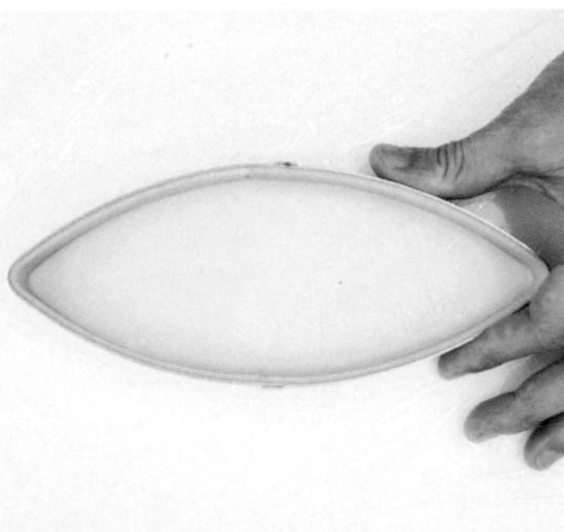

③ 蜂蜜巴薩米克醋醬

1 將巴薩米克醋、蜂蜜、三溫糖一起倒入小鍋中，以小火加熱，濃縮至一半即可放涼備用。（圖 D）

TIP

・煮巴薩米克醋時，初期會有一股酸味，等酸味漸淡、香氣釋出即代表快煮好。

・蜂蜜和三溫糖味道豐富溫和，可以讓醬汁有溫潤的風味。

---

④ 馬斯卡彭乳酪餡

1 將馬斯卡彭起司、白乳酪、海鹽用打蛋器攪拌均勻。

2 打發鮮奶油至 7-8 分發，舉起打蛋器時前端呈小彎勾狀。

3 將步驟 1 和步驟 2 用刮刀切拌均勻，保持輕盈口感。（圖 E）

---

⑤ 巴薩米克醋果凍

1 將飲用水、細砂糖、白酒放入鍋中煮沸後關火，待稍微降溫，加入吉利丁塊融化拌勻。

2 繼續降溫至約 50℃，加入蜂蜜和巴薩米克醋混合均勻（圖 F）。倒在不沾布上，平鋪成薄薄一層後，冷藏。使用前依照所需切割成適當的大小。

D | E | F

⑥ 組裝・裝飾

1 將②**伯爵杏仁海綿蛋糕**切割成所需的大小，放入①**沙布列塔殼**內。（圖 G-H）

2 在蛋糕體上塗抹約 3-5g 的③**蜂蜜巴薩米克醋醬**，並填入約 35g 的④**馬斯卡彭乳酪餡**至塔殼高度。（圖 I-J）

3 最後將無花果切成半月形放上去，用⑤**巴薩米克醋果凍**、銀箔裝飾。（圖 K-L）

TIP 巴薩米克醋果凍可以切成小丁或者薄片做裝飾。

G	H	I
J	K	L

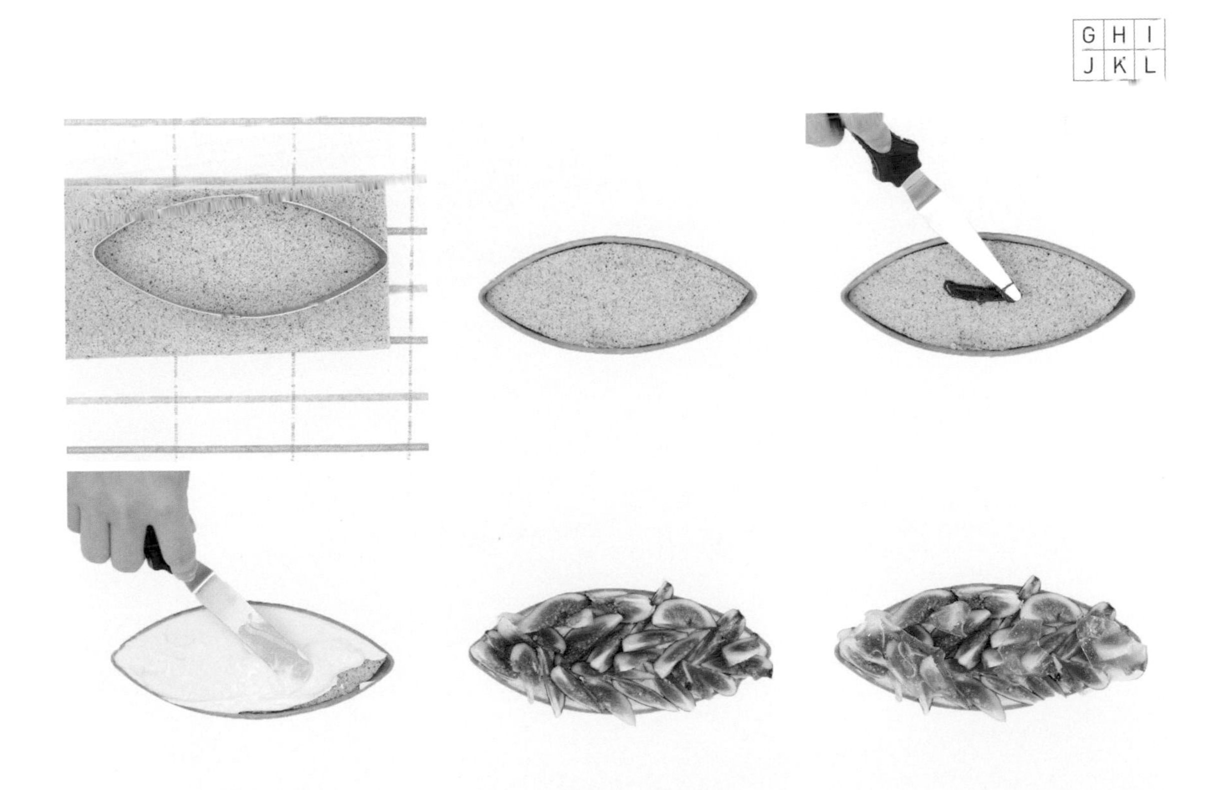

紫薯塔

Purple Sweet Potato Tart

設計概念

在設計「口味先決」的甜點時，最後的裝飾往往格外費心思，要如何將現有元素組合出不受框限的效果，有時靈感來得很快，有時卻不然。這款紫薯塔正是如此，最後有別於一般塔點平滑或堅挺的裝飾，改以長條圓柱狀的同色系、不同深淺內餡整齊排列，呈現出來的效果簡潔有力，讓人耳目一新。

難易度 ★★★

製作時間 6-8H

完成份量 7.5cm 正方形 × 6-8 個

模具 沙布列塔皮：7.5cm 方形網洞塔圈
海綿蛋糕：33cm×20cm 方形模具

材料

① 沙布列塔皮

- 無鹽麵粉 140g
- 低筋麵粉 140g
- 高筋麵粉 140g
- 杏仁粉 40g
- 純糖粉 110g
- 鹽 1g
- 全蛋 50g

② 海綿蛋糕

- 全蛋 125g
- 上白糖 80g
- 低筋麵粉 63g
- 牛奶 17g
- 植物油 18g

③ 紫薯泥

- 蒸熟的紫薯 210g
- 牛奶 50g
- 細砂糖 5g

④ 有糖栗子泥

- 新鮮栗子或冷凍栗子 300g
- 轉化糖漿 50g
- 飲用水 50g

⑤ 栗子紫薯餡

- 有糖栗子泥 70g
- 紫薯泥 15g
- 牛奶 20g

⑥ 卡士達醬

- 牛奶 200g
- 細砂糖 15g
- 香草莢（取籽）....... 1 根
- 蛋黃 50g
- 細砂糖 15g
- 玉米粉 8g
- 低筋麵粉 8g

⑦ 栗子紫薯外交官鮮奶油

- 卡士達醬 80g
- 動物性鮮奶油 35% 40g
- 栗子紫薯餡 195g
- 蜂蜜 18g

⑧ 裝飾

- 食用花 .... 適量

建議製作順序

製作 ①〈沙布列塔皮〉冷凍鬆弛 ➡ 製作 ②〈海綿蛋糕〉
➡ 塔皮入模冷藏鬆弛 ➡ 塔殼烘烤 ➡ 製作 ③〈紫薯泥〉
➡ 製作 ④〈有糖栗子泥〉➡ 製作 ⑤〈栗子紫薯餡〉
➡ 製作 ⑥〈卡士達醬〉➡ 製作 ⑦〈栗子紫薯外交官鮮奶油〉➡ 組裝 · 裝飾

作法

① 沙布列塔皮

1 事先將無鹽奶油切成小丁狀後冷藏。

2 將低筋麵粉、高筋麵粉、杏仁粉、糖粉、鹽過篩至鋼盆中，加入冷藏無鹽奶油，使用桌上型攪拌機（槳形）慢速打至約略淡黃色的奶粉狀。

3 慢慢加入蛋液，維持慢速攪拌到麵團大致成團。

TIP 加完蛋液後不會立即成團，需持續慢速攪拌，這時候不要額外再加蛋液進去，以免過於濕潤。

4 將麵團放入塑膠袋裡面整形，並擀成 0.2cm 的厚度，冷凍鬆弛 30-60 分鐘。

5 依照所需的量，切割出寬度約 2.2cm 的長條形塔皮側邊，以及比模具小 0.4-0.5cm 的方形底部。將塔皮入模，先圍邊再入底，之後再將多餘的塔皮以斜切（內高外低）的方式去除，冷藏 30-60 分鐘鬆弛。

6 接著放入預熱好的烤箱中，以 150-160℃／17 分鐘盲烤完出爐後，脫模再烤 3-5 分鐘，取出散熱。

② 海綿蛋糕（全蛋法）

1 事先將低筋麵粉過篩。植物油、牛奶加熱至 40℃ 並且維持溫度。

TIP 請選擇沒有味道的植物油，避免影響蛋糕風味。

2 將全蛋、上白糖隔水加熱至 38-40℃，使用電動打蛋器或是桌上型攪拌機高速打發至有痕跡後，轉至中速持續打發，直到將打蛋器提起時麵糊狀態可以在表面畫 8 字，且 2-3 秒不會消失，最後轉至最慢速讓氣泡變細緻。

TIP 隔水加熱要記得鋼盆不能碰到水面，利用水蒸氣到達所需的溫度。

3 分次加入過篩的低筋麵粉，並用刮刀切拌至無結塊。

4 取一部分的麵糊加入步驟 1 的油類液體拌勻，再倒回剩餘的麵糊中持續拌勻至無油的痕跡。

TIP 先取一部分的麵糊加入油類液體是為了讓兩者質地接近，不然會花更多的時間拌勻導致消泡。

5 將麵糊從離模具約 30cm 處倒入，以刮板往四邊角落推去並沿著四邊抹平。

6 拿起模具離桌面約 10cm 距離往下敲，震出氣泡，放進預熱好的烤箱中，以 180℃ 烤約 10-12 分鐘後，放涼脫模。

TIP

- 因蛋糕體較薄，使用竹籤測試較不準確，手摸蛋糕體表面不會沾手並且回彈，即表示烘烤完成。
- 若烤焙時有使用烘焙紙，出爐後要先將四個角撕開散熱。稍微冷卻後，翻面鋪上烘焙紙繼續放涼。

③ 紫薯泥

1 將紫薯放入電鍋蒸熟後，外皮去除乾淨。

2 牛奶與砂糖一起加熱至砂糖融化。

3 取 22g 牛奶液與蒸好的紫薯，使用食物調理機打至泥狀。（圖 A）

4 預留 15g 紫薯泥作為「栗子紫薯餡」的材料。其餘紫薯泥分兩半，一半加入 10g 步驟 2 的牛奶液，調成深紫色；一半加入 20g 牛奶液，調成淺紫色。分別使用圓形花嘴擠成長條圓柱後，切成需要的長度。（圖 B-C）

TIP 紫薯泥的顏色深淺，會因添加的牛奶液量及地瓜本身顏色而不同，請依照個人喜好調色即可。

---

④ 有糖栗子泥

1 將水淹過栗子，外鍋水約 350ml，放入電鍋蒸熟即可。

TIP 請使用已經去殼脫膜的栗子。

2 將蒸熟的栗子瀝乾，放入食物調理機中，加入轉化糖漿與飲用水（慢慢加入調整濃稠度）打成泥。

3 用細網過篩後備用。

---

⑤ 栗子紫薯餡

1 將有糖栗子泥、紫薯泥、牛奶混合均勻即可。

A | B | C

⑥ 卡士達醬

1 將牛奶、砂糖、香草籽加熱至微溫。

2 蛋黃以及細砂糖使用打蛋器打至顏色變白、砂糖融化，並加入過篩的玉米粉、低筋麵粉拌勻。

3 將步驟 1 的牛奶倒入步驟 2 的麵糊當中拌勻，再倒回鍋中以小火煮至冒泡，持續約 20-30 秒後離火，卡士達醬光滑柔順即可。
TIP 卡士達醬剛開始加熱時會因升溫而逐漸濃稠，煮到開始冒泡泡後持續攪拌，會慢慢變得光滑。

4 卡士達醬完成後儘速隔冰水降溫，並倒入淺盤內、服貼上保鮮膜，冷藏保存。使用前再次用打蛋器拌勻即可。

---

⑦ 栗子紫薯外交官鮮奶油

1 卡士達醬使用前先稍微回溫，使用打蛋器攪拌至滑順。

2 把鮮奶油打至 6-7 分發，並跟步驟 1 的卡士達醬混拌均勻。

3 將栗子紫薯餡、蜂蜜混合後，跟步驟 2 的卡士達鮮奶油混合均勻即可。

---

⑧ 組裝 · 裝飾

1 將②**海綿蛋糕**切割成 7cm 的正方形，平鋪在①**沙布列塔殼**上面。（圖 D）

2 填入⑦**栗子紫薯外交官鮮奶油**至塔殼高度，約 20-30g。（圖 E）

3 並將圓柱狀的③**紫薯泥**依照塔殼的長度切割，整齊排入塔殼中。（圖 F）

4 最後擺上食用花裝飾即完成。

D E F

真空櫻桃禮盒

Wrapped-Gift-Box Cherry Tart

設計概念

某天經過水果攤時，看到當季櫻桃禮盒陳列在展示台，心裡想著做個櫻桃口味的甜點吧！那要設計成什麼樣的造型呢？這麼思考的同時，低頭看著手上的櫻桃禮盒，腦袋便萌生「乾脆就模仿保鮮膜包裹櫻桃的效果」的想法，於是水果禮盒系列就此誕生。

難易度 ★★★

製作時間 6H

完成份量 15cm 正方形 × 2 個

模具 沙布列塔皮：15cm 方形網洞塔圈
愛素糖片：15cm 方形模具

材料

① 沙布列塔皮

- 無鹽奶油 140g
- 低筋麵粉 140g
- 高筋麵粉 140g
- 杏仁粉 40g
- 純糖粉 110g
- 鹽 1g
- 全蛋 50g
- 蛋液 .... 適量

＊蛋液＝蛋黃 100g ＋鮮奶油 15g

② 櫻桃果醬

- 櫻桃果泥 100g
- NH 果膠 3g
- 細砂糖 3g
- 櫻桃酒 .... 適量

③ 開心果卡士達醬

- 牛奶 113g
- 鮮奶油 13g
- 香草莢（取籽）.... 1 根
- 蛋黃 23g
- 細砂糖 23g
- 卡士達粉 6g
- 低筋麵粉 6g
- 可可脂 8g
- 吉利丁塊 10g
- 無鹽奶油 13g
- 開心果泥 15g

④ 杏仁奶油餡

- 無鹽奶油 45g
- 純糖粉 45g
- 杏仁粉 45g
- 玉米粉 4g
- 全蛋 30g

⑤ 愛素糖片

- isomalt 愛素糖 140g
- 飲用水 .... 適量

⑥ 裝飾

- 新鮮櫻桃 .... 40 顆
- 裝飾巧克力金粉 .... 少許

建議製作順序

製作 ①〈沙布列塔皮〉冷凍鬆弛 ➜ 製作 ②〈櫻桃果醬〉

➜ 塔皮入模冷藏 ➜ 製作 ③〈開心果卡士達醬〉

➜ 塔殼烘烤 ➜ 製作 ④〈杏仁奶油餡〉

➜ 製作 ⑤〈愛素糖片〉➜ 組裝 · 烘烤 · 裝飾

作法

① 沙布列塔皮

1 事先將無鹽奶油切成小丁狀後冷藏備用。

2 將低筋麵粉、高筋麵粉、杏仁粉、糖粉、鹽過篩至鋼盆中，加入冷藏無鹽奶油，使用桌上型攪拌機（槳形）慢速打至約略淡黃色的奶粉狀。

3 慢慢加入蛋液，維持慢速攪拌到麵團大致成團。

TIP 加完蛋液後不會立即成團，需持續慢速攪拌，這時候不要額外再加蛋液進去，以免過於濕潤。

4 將麵團放入塑膠袋裡面整形，並擀成0.2cm的厚度。放入冰箱冷凍鬆弛 30-60 分鐘。

5 依照所需的量，切割出寬度約 2.2cm 的長條形塔皮側邊，以及比模具小 0.4-0.5cm 的方形底部。

6 將塔皮入模，先圍邊再入底，之後再將多餘的塔皮以斜切（內高外低）的方式去除後，冷藏鬆弛 30-60 分鐘。（圖 A-B）

7 放入預熱好的烤箱中，以 150-160℃／20 分鐘盲烤完出爐後，利用餘溫快速刷上蛋液。（圖 C）

② 櫻桃果醬

1 鍋中放入櫻桃果泥，加熱至 35-40℃，再加入混勻的 NH 果膠、細砂糖，煮至沸騰後離火。（圖 D）

TIP 果膠粉類的產品需要先跟細砂糖混合均勻，才能避免結塊。

2 加入少許櫻桃酒拌勻後，放涼至凝固。（圖 E）

3 使用前用打蛋器打勻成果醬狀即可。（圖 F）

A	B	C
D	E	F

③ 開心果卡士達醬

1 牛奶、鮮奶油、香草籽加熱至微溫。

2 蛋黃、細砂糖使用打蛋器打至顏色變白且砂糖融化，並加入過篩的卡士達粉、低筋麵粉拌勻。

3 將步驟 1 的牛奶液倒入麵糊中拌勻，再倒回鍋中以小火煮至冒泡，持續約 20-30 秒後離火，卡士達醬光滑柔順即可。

TIP 卡士達醬在初期加熱過程中會因升溫逐漸濃稠，等到開始冒泡泡後持續攪拌，會慢慢變得光滑。

4 加入可可脂、吉利丁塊、無鹽奶油拌勻後，再加入開心果泥攪拌均勻。

5 煮好的卡士達醬儘速隔冰水降溫，並倒入淺盤內、服貼上保鮮膜，冷藏保存。使用前用打蛋器拌勻即可。

TIP 如果用均質機攪拌，因為澱粉結構會被破壞，可以使卡士達醬的質地較稀、變成流狀，口感上較為細緻。依照個人喜好質地來選擇即可。

④ 杏仁奶油餡

1 事先將無鹽奶油回溫到約 22-24℃，用打蛋器打軟到類似髮臘狀。（圖 G）

TIP 台灣天氣熱，通常不開冷氣時室溫大概在 30℃，奶油很快就會回軟，可以使用溫度計測量，或者將手指輕輕壓下去有痕跡即可。

2 加入過篩的糖粉繼續打至絨毛狀，然後加入過篩的杏仁粉、玉米粉，用刮刀拌勻。（圖 H）

TIP 使用玉米粉可增加蓬鬆度，沒有的話可以省略。

3 最後分次加入打散的蛋液，拌至乳化均勻即可。（圖 I）

⑤ 愛素糖片

1 將 isomalt 愛素糖、水加熱至 145-150℃，溶解即可。

2 倒入約 15cm 大小的正方形模具中鋪平成薄片狀，放冷備用。

G H I

⑥組裝・烘烤・裝飾

1 **①沙布列塔皮**降溫後填入**④杏仁奶油餡**約 80-85g，並鋪上洗淨、擦乾的櫻桃切片，放入預熱好的烤箱中，烤 20-25 分鐘。（圖 J-K）

TIP 塔皮回烤時可以先套回塔模再烤，避免烘烤時膨脹變形。

2 出爐後脫模，刷蛋液再回烤 5-8 分鐘，將蛋液烤乾。

3 散熱後，塗抹**②櫻桃果醬** 20g 以及**③開心果卡士達醬** 85g。（圖 L-M）

4 將櫻桃對半切去核，稍微拭乾，鋪滿在整個塔上。（圖 N）

5 接著放上**⑤愛素糖片**，使用熱風槍或是噴槍慢慢融解糖片，直到服貼在櫻桃上，達到類似保鮮膜的視覺效果。（圖 O）

TIP 糖片要慢慢溶解、均勻加熱，避免加熱速度太快導致破口。

6 最後將一顆沒有去掉梗的櫻桃，塗上裝飾巧克力金粉，擺在上方即完成。

TIP 裝飾巧克力金粉＝可可粉＋食用金粉，混合均勻即可使用。

J	K	L
M	N	O

關於杏仁奶油餡

杏仁奶油餡在法式甜點中是個不容忽視的存在，加入果醬、水果或是酒類都可以讓它的風味變得更加多樣化。像是千層派皮填入杏仁奶油餡就成為著名的的國王派，於塔皮、杏仁奶油餡上面裝飾幾片杏仁片就是簡單好吃的杏仁塔，它也是各式水果塔派杏仁奶油餡的基底。

杏仁奶油餡的製作上，最重要的就是乳化。當雞蛋的溫度過低，加入奶油當中會很難拌勻，無法完美進行乳化作用，所以要將雞蛋以及奶油事先放室溫到約 22-24℃，以便達到乳化作用。

不同作法的杏仁奶油餡

杏仁奶油餡提供三種作法給大家參考，各有各的優缺點。作法沒有好與壞，依照想要表現的甜點特色來選擇。（配方比例相同，僅改變作法）

1. 使用打蛋器打發奶油：

以打蛋器將奶油、糖粉確實打至泛白絨毛狀，分次加入蛋液拌勻，再用刮刀拌入杏仁粉、玉米粉。因為過程中會將空氣拌入奶油中，烘烤後表面顆粒感較粗糙且明顯膨脹，容易回縮。

特色 品嚐時較無奶油風味也沒有油膩感。

2. 沒有打發奶油用刮刀拌勻：

軟化奶油當中拌入糖粉，並逐次在軟化奶油當中分次加入蛋液，最後使用刮刀將杏仁粉、玉米粉拌勻（全程使用刮刀以減少空氣拌入）。

特色 奶油風味較為強烈，能感受到塔皮和杏仁奶油餡口感協調一致。適合單純品嚐奶油香氣的杏仁塔、小塔類甜點。

3. 使用打蛋器打發奶油、全蛋最後加入：

將全蛋以外的材料混合均勻，最後再分次加入蛋液，口感上較為膨鬆、烘烤完易回縮。

特色 奶油風味較弱、甜度淡雅；蛋香味顯著；塔殼和奶油餡的軟硬度差異較大，能品嚐出塔殼的脆度。適合有加入卡士達醬的水果類塔派。

乳化是什麼？

「乳化作用」，其實就是指將至少兩種原本不相溶的液體混合在一起。例如大家都知道的水和油脂，即使在劇烈攪拌下看似溶合，一旦停止又會回到分離的狀態。

這時，為了達到「乳化作用」，我們需要一個讓兩者得以結合的媒介——「乳化劑」。一般最常見的乳化劑是「蛋黃」，蛋黃中的卵磷脂有助於結合液體和油脂。此外，「蜂蜜」也是廚房中常見的天然乳化劑之一。

在乳化的過程中，需要把握以下幾個重點：

* 攪拌時間：將乳化劑分次加入液體中拌勻，才能讓兩者均勻結合。
* 力度：要使油變成小分子散佈在液體當中，通常需要力度，除了充分攪拌外，也可以使用均質機操作，並透過乳化劑避免油脂再次聚集。
* 溫度：建議將食材事先放在室溫以確保溫度一致。若兩種以上的食材溫度差異太大，就會導致攪拌時無法乳化混合，造成「油水分離」。

CHAPTER 04

中性色系

NEUTRAL COLOR

《實作篇》

WHITE

漂浮島

珍珠伯爵米布丁

Less is more 鮮奶油蛋糕

Party Box 鮮奶油蛋糕

小白山蒙布朗

BAOBAO 達可瓦茲慕斯塔

BLACK

閃電魚子醬巧克力塔

漂浮島

Floating Island

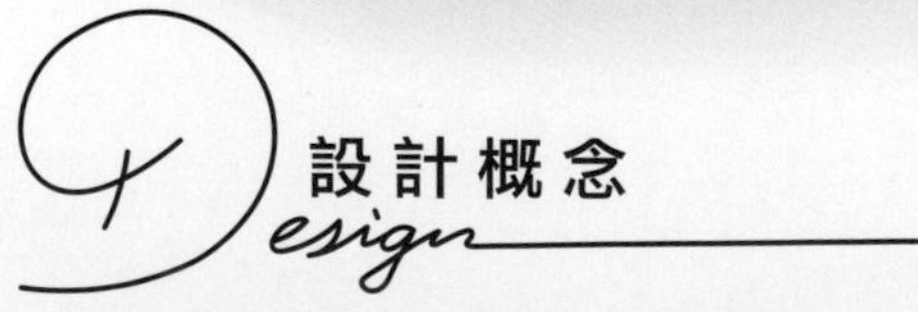

有著夢幻般名字的經典法式甜點「漂浮島」，就像一座雪白的小島漂浮在鵝黃色的湖泊上。
以英式蛋奶醬搭配漂浮在上方的蛋白霜，輕盈淡雅的口味非常適合當飯後甜點，
簡單幾個步驟就可為生活增加儀式感。

難易度 ★ **製作時間** 1H **完成份量** 2-3 人份

材料

① 英式蛋奶醬

蛋黃 .... 1 顆
細砂糖 21g
玉米粉 1.5g

香草莢 .... 1/3 根
牛奶 175g

② 蛋白霜

蛋白 75g
細砂糖 45g
醋、檸檬汁 .... 各 1 小匙

③ 裝飾

杏仁片或其他堅果 .... 適量
水果 .... 適量

建議製作順序

製作 ①〈英式蛋奶醬〉➡ 製作 ②〈蛋白霜〉➡ 組裝 · 裝飾

作法

① 英式蛋奶醬

1 蛋黃、砂糖、玉米粉使用打蛋器充分混合均勻。

2 取出香草籽，與牛奶一同放入鍋中，小火加熱至微溫後，倒入步驟 1 混合均勻。

3 用橡皮刮刀不斷攪拌至濃稠，加熱至 82℃，過篩。

4 倒入適當容器，並將保鮮膜貼實於表面，冷藏保存。

② 蛋白霜

1 使用電動打蛋器將蛋白、細砂糖打發至尖挺。（圖 A）

2 煮一小鍋熱水，加入 1 小匙醋、檸檬汁。

3 使用湯匙將打發的蛋白霜舀出，整形成適當大小後放入鍋中，燙煮 2-3 分鐘。（圖 B）

4 舀至鋪上紙巾的盤子上，吸除多餘水分，持續重複 3 的步驟，製作出所需要的量。

③ 組裝 · 裝飾

1 將冷藏後的①**英式蛋奶醬**裝入餐具。

2 上方擺上②**蛋白霜**，使用杏仁片或任意堅果碎片增添風味，最後放上當季水果裝飾即完成。

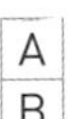

珍珠伯爵米布丁

Earl Grey Rice Pudding With Tapioca Balls

第一次認識「米布丁」是在某次聚會，大家選擇的飯後甜點不外乎是巧克力布朗尼、檸檬塔等甜點，當時卻被菜單中一小角的「米布丁」字樣吸引著，抱著嚐鮮的心態選擇它。品嚐後，單純的香草風味、牛奶的微甜、米飯帶著一點軟 Q 的口感，驚豔了味覺，也才讓我知道「原來米也可以變成甜甜的」。

難易度 ★　**製作時間** 1H　**完成份量** 3-4 人份

材料

① 伯爵米布丁

- 生米 100g
- 飲用水 250ml
- 牛奶 A 250ml
- 香草莢（取籽）.... 1 根
- 牛奶 B 150ml
- 細砂糖 30g
- 伯爵紅茶 .... 2 包

② 裝飾

- 珍珠 ....適量
- 薄荷葉 ....適量

作法

① 伯爵米布丁

1. 將生米、飲用水倒入鍋中，以大火煮沸，沸騰後繼續以小火燉煮約 3 分鐘，並持續用刮刀攪拌鍋底。
2. 使用濾網將步驟 1 過濾，並用飲用水將表面的黏稠物清洗乾淨。
3. 接著於步驟 2 中放入牛奶 A、香草莢以及取出的香草籽，以小火加熱。（圖 A）
4. 將牛奶 B、細砂糖微波加熱至 70℃，加入伯爵紅茶包，沖泡 3 分鐘後取出茶包備用。
5. 待步驟 3 沸騰後，加入步驟 4 續煮 5-10 分鐘，關火燜 10 分鐘。（圖 B）

A B

② 組裝．裝飾

1 將冷藏後的①**伯爵米布丁**裝入餐具。

2 加入珍珠增添風味，並以薄荷葉裝飾。

Less is more 鮮奶油蛋糕

Cream Cake Assortment

難易度 ★★★
製作時間 4H
完成份量 依照組裝方式而異
模　　具 舒芙蕾蛋糕體：
55cm×36cm×1cm 矽膠模具

「Less is more 少即是多」的簡約理論是
現代主義建築大師 Ludwig Mies van der Rohe 所提出。
僅管法式甜點以多層次的內餡製作而聞名，
但也是有只想品嚐單純美味的時刻。
讓我們回到最基礎的材料，
僅使用舒芙蕾蛋糕、打發鮮奶油以及新鮮水果，
利用不同的模具、方式以及餐具搭配，
創造出豐富的視覺感受。

材料

① 舒芙蕾蛋糕體

全蛋 147g
蛋黃 144g
無鹽奶油 107g
牛奶 A 27g
低筋麵粉 160g
牛奶 B 107g
蛋白 298g
上白糖 160g

② 馬斯卡彭香緹鮮奶油

動物性鮮奶油 35% 100g
馬斯卡彭起司 100g
細砂糖 13g
香草莢（取籽）............ 半根

③ 裝飾（依喜好）

草莓 .... 適量
藍莓 .... 適量
香蕉 .... 適量
翻糖小花 .... 適量
（作法參考 p236）
裝飾巧克力 .... 適量
（作法參考 p46）
薄荷葉 .... 適量
迷迭香 .... 適量

建議製作順序

製作 ①〈舒芙蕾蛋糕體〉
➡ 製作 ②〈馬斯卡彭香緹鮮奶油〉➡ 組裝 ・ 裝飾

作法

① 舒芙蕾蛋糕體

1 事先將全蛋、蛋黃放在室溫回溫，打散拌勻。低筋麵粉過篩。

2 將無鹽奶油、牛奶 A 放入鍋中煮至沸騰，關火。加入低筋麵粉拌勻，開小火，持續攪拌至鍋底出現一層薄膜，關火降溫並移至鋼盆當中。

3 麵糊溫度大概降溫至 60-62℃時，分次加入步驟 1 的蛋液，每次蛋液要完全吸收才能加入下一次。

4 將牛奶 B 加熱至約 50-60℃，倒入麵糊中拌勻。
TIP 加入微溫牛奶是為了方便操作，過於濃稠的麵糊不容易和蛋白霜拌勻。

5 打發法式蛋白霜：先在蛋白中加入一小撮糖穩定蛋白，一邊用電動打蛋器打發蛋白，一邊分三次加入剩餘的糖。打發至舉起打蛋器時前端呈小彎勾狀態。
TIP
・蛋白打發前先加入配方中少許的糖，可增加蛋白的穩定度。
・打發蛋白霜的速度：高→中→低（最後轉低速讓氣泡細緻，烤出來的蛋糕體氣孔才會比較小）。

6 將步驟 4 的麵糊加入約 1/3 的蛋白霜拌勻，接著再倒至剩下的蛋白霜中，拌勻至無結塊即可。（圖 A-D）

7 準備 55cm×36cm×1cm 矽膠模具，以離烤模約 30cm 的距離倒入麵糊，使用刮板往四邊角落推去並沿著四邊抹平麵糊。（圖 E）

8 拿起烤模離桌面約 10cm 距離往下敲，震出氣泡。放入預熱好的烤箱中，先以 180℃ 烤 10-12 分鐘，掉頭後降溫至 160℃ 再烤 12-15 分鐘。

TIP 因蛋糕體較薄，用竹籤測試較不準確，手摸蛋糕體表面不會沾手並且回彈，即表示烘烤完成。

9 等待矽膠模具完全冷卻後脫模。放涼時建議在上方蓋烘焙紙，避免蛋糕變乾。（圖 F）

TIP 如果用烘焙紙烤焙，出爐後將四個角撕開散熱。稍微冷卻後，翻面鋪上烘焙紙放涼。

---

② 馬斯卡彭香緹鮮奶油

1 將動物性鮮奶油、馬斯卡彭起司、細砂糖、取出的香草籽，一同放入鋼盆內打發至 7-8 分發，拉起時外型挺立緊實，邊緣沒有裂紋且有光澤。

A	B	C
D	E	F

③ 組裝・裝飾

1 將①**舒芙蕾蛋糕體**切成各個裝飾所需的大小。再用②**馬斯卡彭香緹鮮奶油**、水果、翻糖小花、裝飾巧克力、香草完成裝飾。

方形：將蛋糕切出兩片方形，中間擠上馬斯卡彭香緹鮮奶油，擺上切片草莓，最上層再用草莓、薄荷葉裝飾。（圖 G-H）

杯裝：將蛋糕切成小方塊，放入杯中，填入馬斯卡彭香緹鮮奶油，再擺上草莓、迷迭香裝飾。（圖 I-J）

細長圓柱：將蛋糕切成長條狀，用透明慕斯圍邊捲起來，中間擠入馬斯卡彭香緹鮮奶油，上面再用草莓、藍莓、裝飾巧克力、翻糖小花裝飾。（圖 K-L）

寬圓柱：將蛋糕切出兩片圓片，於 Φ5cm×H8cm 慕斯圈內側貼透明慕斯圍邊，放入一片蛋糕當底，再於側邊貼上草莓切片，然後填入馬斯卡彭香緹鮮奶油，再擺上蛋糕片。冷凍後脫模。上面再用草莓、薄荷葉、翻糖小花裝飾。（圖 M-O）

圓片：用 Φ8cm 塔圈將蛋糕切出作為底部的圓，以及圍邊的長條狀，用透明慕斯圍邊捲起來後，中間擠入馬斯卡彭香緹鮮奶油。上面再用草莓、藍莓、薄荷葉、裝飾巧克力裝飾。（圖 P-R）

G	H	I
J	K	L

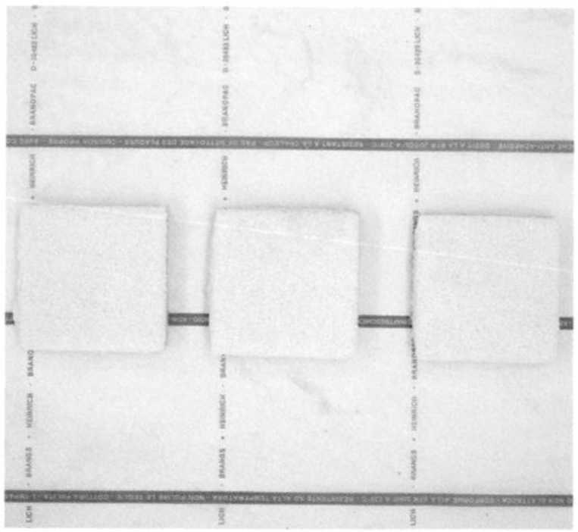

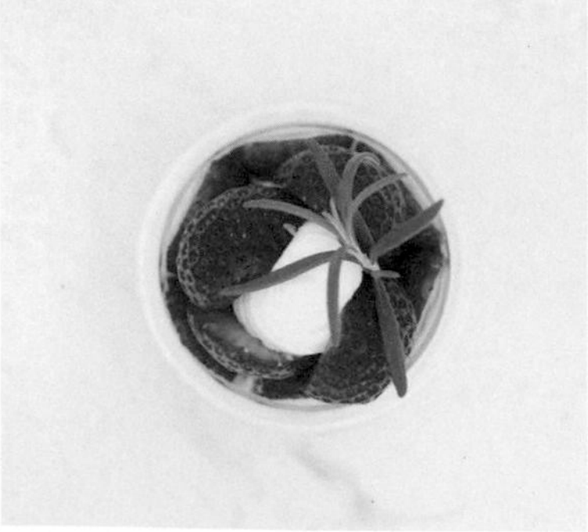

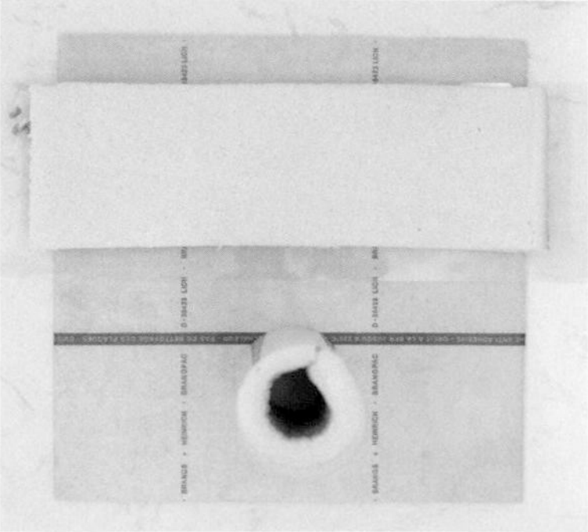

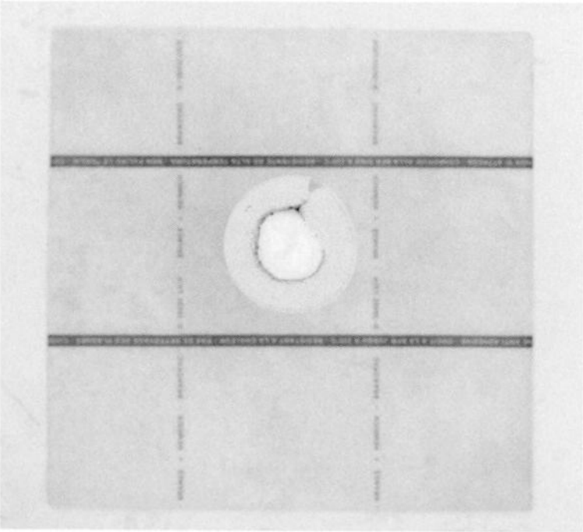

M	N	O
P	Q	R

《方形》　《杯裝》　《細長圓柱》　《寬圓柱》　《圓片》

Party Box 鮮奶油蛋糕

Fresh Cream Cake
with Fresh Fruits

難易度 ★★★

製作時間 4H

完成份量 15cm×15cm×15cm 正方形 ×1 個

模具 海綿蛋糕：55cm×36cm×1cm 矽膠模具

每次看到排列整齊、抹面平整的 Short cake 心中都由衷佩服，
期望著某天也要做到那樣的極致。
好幾輪操作後發現方形的鮮奶油蛋糕真的好難抹成直角，
眼看沒辦法讓它變得更完美，突然浮現以巧克力飾片「遮羞」的靈感，
就這樣，具有 90 度直角的正方形出現了，
這才是我想像中的鮮奶油蛋糕！

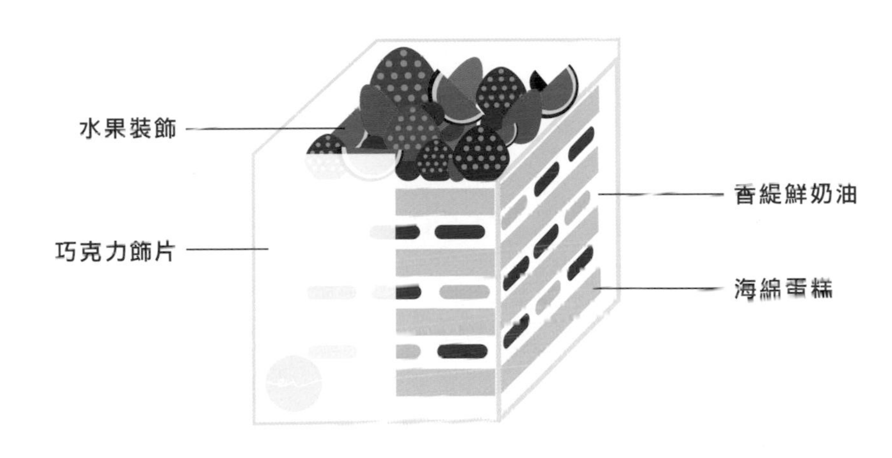

Fresh Cream Cake with Fresh Fruits

材料

① 海綿蛋糕

全蛋	500g
上白糖	320g
低筋麵粉	252g
鹽	2g
植物油	72g
牛奶	68g

② 香緹鮮奶油

動物性鮮奶油 35%	300g
細砂糖	20g

③ 調溫巧克力飾片

調溫白巧克力 32%	300g
可可脂粉	3g
油性白色色粉	適量

④ 裝飾（依喜好）

無花果	適量
草莓	適量
藍莓	適量
香蕉	適量
翻糖小花	適量
市售翻糖	適量
巧克力或糖珠	適量
薄荷葉	適量

建議製作順序

製作 ①〈海綿蛋糕〉➡ 製作 ②〈香緹鮮奶油〉➡ 組裝
➡ 製作 ③〈調溫巧克力飾片〉➡ 裝飾

作法

① 海綿蛋糕（全蛋法）

1 低筋麵粉、鹽過篩備用（圖 A）。植物油、牛奶加熱至 40℃ 並且維持溫度。（圖 B）

TIP 請選擇沒有味道的植物油，避免影響風味。

2 將全蛋、上白糖隔水加熱至 38-40℃，以電動打蛋器高速打發至有痕跡後，轉中速，打發到提起打蛋器時，麵糊可以在表面畫 8 字且 2-3 秒不消失，轉低速讓氣泡變小且細緻。（圖 C-D）

TIP 隔水加熱是利用水蒸氣到達所需溫度，鋼盆底不要碰到水面。

3 分次加入過篩的粉類，切拌至無粉類結塊。（圖 E）

4 取部分麵糊與步驟 1 的 40℃ 油類液體拌勻，再倒回剩餘麵糊中，拌勻至無油的痕跡。

TIP 先混合部分麵糊是為了讓兩者質地接近，以免拌勻時間過長導致消泡。

5 麵糊以離模具約 30cm 的距離倒入，用刮板往四邊角落推去並沿著四邊抹平。（圖 F-G）

6 拿起烤模離桌面約 10cm，往下敲震出氣泡，再放入預熱好的烤箱，180℃ 烤 12-15 分鐘。

TIP 蛋糕體較薄時，用竹籤測試熟度不準確，以手摸蛋糕體表面不會沾手並且回彈即可。

7 等待矽膠模具完全冷卻後脫模。放涼時建議在上方蓋烘焙紙，避免蛋糕變乾。（圖 H-I）。

TIP 如果是以烘焙紙烤焙，出爐後將四個角撕開散熱。稍微冷卻後，翻面鋪上烘焙紙繼續散熱。

② 香緹鮮奶油

1 將動物性鮮奶油、細砂糖一同放入鋼盆內打至 7-8 分發，拉起時外型挺立緊實，邊緣沒有裂紋且有光澤，呈稍微滴落、放在蛋糕體上會有點向外攤開的狀態。

香緹鮮奶油的打發小技巧

- 香緹鮮奶油指的是添加砂糖打發的鮮奶油，砂糖量大約是鮮奶油的5-10%，如果太多會導致空氣量太少，形狀不易維持。
- **打發鮮奶油的關鍵是「溫度」，必須確保鮮奶油及鋼盆是冷藏溫度**，可以事先將鋼盆放入冷凍庫或者在鋼盆底部隔著冰塊，**打發完成後儘速放入冰箱定型保存**。
- 鮮奶油多打發幾秒就會變得粗糙，這時可添加適量的液體鮮奶油重新打發。
- 細砂糖顆粒較大，必須在初期就與鮮奶油一同打發。也可在鮮奶油打發至膨脹後加入糖粉，讓成品更具空氣感。

A	B	C
D	E	F
G	H	I

③ 調溫巧克力飾片

1 先將配方中的白巧克力取一小部分，跟油性白色色粉一同微波或隔水加熱融化至 42-45℃並拌勻。

2 取 2/3 白巧克力，微波或是隔水加熱融化至 42-45℃。（圖 J）

3 分次少量加入剩餘 1/3 白巧克力，若融化速度快表示溫度還太高，就再加一些（白巧克力不一定要全部加完）。接著加入步驟 1 的色粉巧克力拌勻，直到整體溫度降至 33-34℃。（圖 K-L）

TIP 白巧克力視融化速度的快慢，決定是否全加，如果有些巧克力沒有完全融化，適當加溫使其融化。可參考 p46 的調溫方式。

4 這時加入巧克力總量 1% 的可可脂粉，繼續拌勻降溫至 29-30℃即可。

TIP 製作調溫巧克力的環境溫度：20-23℃，濕度約 50% 以下。

5 巧克力調溫完成後，取適量在鋪好保鮮膜的工作台上抹平，待呈現半凝固狀態時，切割出 15cm×15cm 的正方形，一共 4 片。（圖 M-O）

如何測試是否成功調溫

在刮板上沾少許巧克力，靜待3-5分鐘，若呈現凝固不黏手、具光澤感的狀態，即表示調溫成功。巧克力品種不同，結晶時間也有所差異，黑巧克力結晶速度較快，牛奶以及白巧克力較為緩慢。因為巧克力本身遇冷就會變硬，不建議放在冰箱確認是否調溫成功，準確度不高。

J	K	L
M	N	O

④ 組裝・裝飾

1 將①**海綿蛋糕**切成 12cm×12cm 的方形，共 4 片。（圖 P）

2 在一片蛋糕上平整塗抹約 0.5cm 厚的②**香緹鮮奶油**，鋪上一層切片水果後，再次抹上約 0.5cm 厚的香緹鮮奶油，然後再蓋上一片蛋糕。重複此步驟直到 4 片蛋糕體用完，並以蛋糕刀修平周圍多出的鮮奶油。（圖 Q-S）

TIP

- 使用方形模具固定，就能更輕鬆抹出厚度等高、工整的鮮奶油，若無可省略。
- 水果盡量去除多餘水分，可延長保存期限。

3 接著把香緹鮮奶油均勻抹在組裝好的蛋糕四邊和上方，約 0.5-1cm 厚度（請依照個人對於鮮奶油的喜愛來決定厚度），盡量抹平整。（圖 T）

4 四邊貼上③**調溫巧克力飾片**，交界處使用融化巧克力接合，冷藏定型。

5 最後上方用水果、翻糖小花（p236）、薄荷葉裝飾即可。（圖 U）

P	Q	R
S	T	U

製作翻糖小花

將市售翻糖擀至厚度約0.3cm，使用翻糖推壓模壓出花朵造型，中心點可以使用巧克力或是糖珠做出花蕊。接著放入帶有曲面的模具，完全乾燥後即可使用，或保存於密封保鮮盒。（圖a-f）

a	b
c	d
e	f

極簡的設計，
搭配任何水果都能夠呈現獨特風貌。

小白山蒙布朗

Mont Blanc

蒙布朗是許多甜點師會加以變化，
加入自己元素或造型上重新詮釋的一道經典甜點。
我的白山系列從 2016 年開始，
之後每年栗子季節都會重新設計造型，
將各元素的比例調整得更加和諧，
造型上以白色山峰的意象為主軸。
目前已進展到 3.0 版以及 3.0 的縮小版。

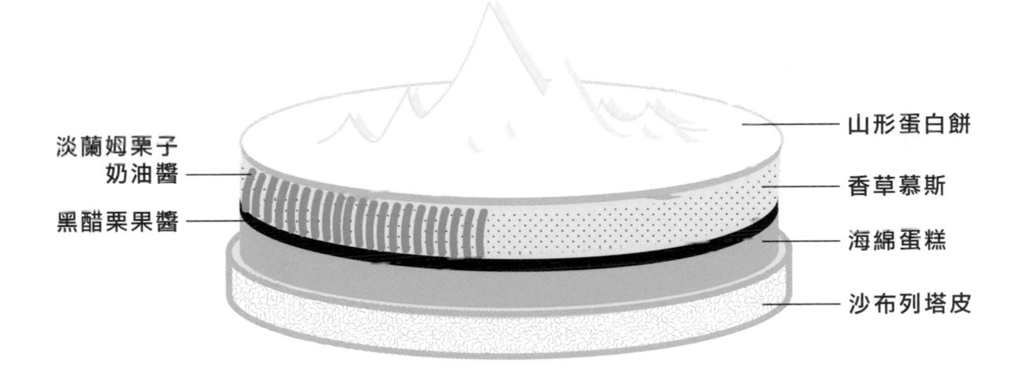

Mont Blanc

- **難易度** ★★★
- **製作時間** 6H
- **完成份量** Φ8cm 圓形 ×8 個
- **模具**
  沙布列塔皮：Φ7.6cm 圓形塔圈
  香草慕斯：Φ7.4cm×H1.5cm 圓形矽膠模
  山形蛋白餅：Φ8cm 挖空壓克力模（自製模具）
  海綿蛋糕：33cm×20cm 方模
  組裝：Φ7.6cm 圓形壓模

材料

① 沙布列塔皮

- 無鹽奶油 …… 140g
- 低筋麵粉 …… 140g
- 高筋麵粉 …… 140g
- 杏仁粉 …… 40g
- 純糖粉 …… 110g
- 鹽 …… 1g
- 全蛋 …… 50g

② 香草慕斯

- 動物性鮮奶油 35% …… 276g
- 純糖粉 …… 13g
- 香草莢（取籽）…… 1 根
- 吉利丁塊 …… 12g
- 白蘭姆酒 …… 1g

③ 山形蛋白餅

- 細砂糖 …… 160g
- 蛋白 …… 100g

④ 海綿蛋糕

- 全蛋 …… 125g
- 上白糖 …… 80g
- 低筋麵粉 …… 63g
- 牛奶 …… 17g
- 植物油 …… 18g

⑤ 淡蘭姆栗子奶油醬

- 自製栗子泥 …… 取 290g
  - 新鮮或冷凍栗子 …… 900g
  - 轉化糖漿 …… 150g
  - 飲用水 …… 150g
  - ＊方便操作的配方量
- 動物性鮮奶油 35% …… 14g
- 白蘭姆酒 …… 14g

⑥ 黑醋栗果醬

- 黑醋栗果泥 …… 250g
- 細砂糖 …… 22g
- NH 果膠或黃色果膠 …… 2.5g
- 君度橙酒 …… 8g

⑦ 白色噴砂（可用市售噴式可可脂取代）

- 白巧克力 …… 165g
- 可可脂 …… 165g
- 白色油性色粉 …… 適量

＊此為方便操作的配方量，一次做好冰在冰箱，每次取出需要量微波加熱即可。

⑧ 裝飾

- 巧克力條（市售品）…… 適量
- 金箔（可省略）…… 適量

建議製作順序

製作 ①〈沙布列塔皮〉冷凍鬆弛 ➡ 製作 ②〈香草慕斯〉冷凍
➡ 塔皮入模冷藏鬆弛 ➡ 製作 ③〈山形蛋白餅〉
➡ 塔殼烘烤後冷凍 ➡ 製作 ⑤〈淡蘭姆栗子奶油醬〉➡ 製作 ⑥〈黑醋栗果醬〉
➡ 製作 ④〈海綿蛋糕〉 ➡ 製作 ⑦〈白色噴砂〉➡ 組裝 · 裝飾

作法

① 沙布列塔皮

1 事先將無鹽奶油切成小丁後，冷藏備用。

2 將低筋麵粉、高筋麵粉、杏仁粉、糖粉、鹽過篩至鋼盆中，加入冷藏無鹽奶油，使用桌上型攪拌機（槳形）慢速打至約略淡黃色的奶粉狀。

3 慢慢加入蛋液，維持慢速攪打至麵團大致成團。

TIP 加完蛋液後不會立即成團，需持續慢速攪拌，這時候不要額外再加蛋液，以免過於濕潤。

4 放入塑膠袋裡面整形，擀成 0.2cm 的厚度後，冷凍鬆弛 30-60 分鐘。

5 依照所需的量，切割出寬度約 2.2cm 的長條形塔皮側邊，以及比模具小 0.4-0.5cm 的底部。

6 塔皮入模，先圍邊再入底，以刀子斜切（內高外低）掉多餘塔皮。冷藏鬆弛 30-60 分鐘。

7 放入預熱好的烤箱，以 150-160℃ ／ 17-20 分鐘盲烤完出爐，脫模後再烤 3-5 分鐘。

② 香草慕斯

1 吉利丁塊事先微波融化成吉利丁溶液。

2 鮮奶油中速打發至稍微膨脹，加入過篩後的糖粉、香草籽，高速打發至有痕跡時，倒入吉利丁溶液、白蘭姆酒，持續打發至 6-7 分發。

TIP 糖粉可以讓鮮奶油更硬挺；加入適量的酒，品嚐時比較不會膩口。

3 裝入 Φ7.4cm×H1.5cm 圓形矽膠模中，冷凍。

③ 山形蛋白餅

1 砂糖、蛋白隔水加熱至 55-60℃，高速打發至挺立的硬性發泡。

2 將蛋白霜隨意填入 Φ8cm 的挖空模具內，用鐵板稍微下壓後拉起，做出不規則的山型。（圖 A-C）

3 放入預熱好的烤箱中，以 80℃烘烤約 1.5 小時（請依照自家烤箱調整時間）。

A B C

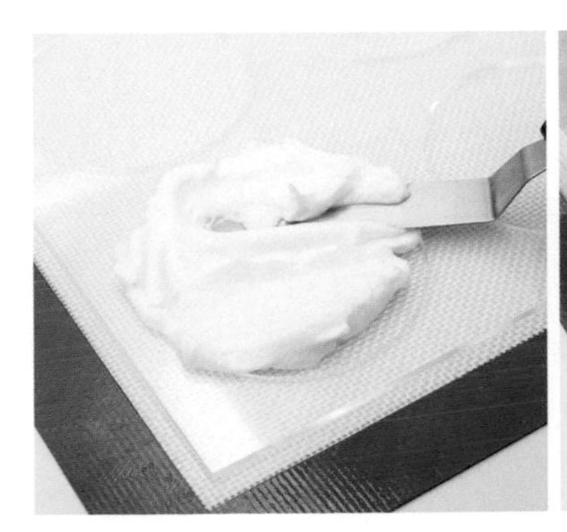

④ 海綿蛋糕（全蛋法）

1 低筋麵粉過篩備用。植物油、牛奶加熱至 40℃ 並且維持溫度。
TIP 請選擇沒有味道的植物油，避免影響味道。

2 將全蛋、上白糖隔水加熱至 38-40℃，使用電動打蛋器高速打發至有痕跡，轉中速，持續打發到打蛋器提起時，麵糊可以在表面畫 8 字且 2-3 秒不會消失，轉最慢速讓氣泡變小且細緻。（圖 D-E）
TIP 隔水加熱是利用水蒸氣到達所需溫度，鋼盆不能碰到水面。

3 分次加入過篩的粉類，切拌至無結塊。

4 取一部分麵糊與步驟 1 的 40℃ 油類液體拌勻，再倒回剩餘麵糊中，拌勻至無油的痕跡。
TIP 先混合部分麵糊讓兩者質地接近，可以避免花過多時間拌勻而消泡。

5 麵糊以離模具約 30cm 的距離倒入後，用刮板往四邊角落推去並沿著四邊抹平。拿起烤盤離桌面約 10cm，往下敲震出氣泡，再放入預熱好的烤箱中，以 180℃ 烤 10-12 分鐘。（圖 F）
TIP 因蛋糕體較薄，使用竹籤測試較不準確，手摸蛋糕體表面不會沾手並且回彈，表示烘烤完成。

6 等待矽膠模具完全冷卻後脫模。放涼時建議在上方蓋烘焙紙，避免蛋糕變乾。（圖 G）
TIP 若使用烘焙紙烤焙，出爐後將四個角撕開散熱。稍微冷卻後，翻面鋪上烘焙紙繼續散熱。

---

⑤ 淡蘭姆栗子奶油醬

1 將水淹過栗子，外鍋水約 350ml，放入電鍋蒸熟即可。
TIP 請使用去殼脫膜後的栗子。

2 將蒸熟的栗子瀝乾，放入食物調理機，加入飲用水以及轉化糖漿打成泥。再以細網過篩後使用。（圖 H-I）
TIP 飲用水要分次慢慢加入，一邊觀察一邊調整濃稠度。

3 取 290g 自製栗子泥，與鮮奶油、白蘭姆酒拌勻即可。（圖 J-K）
TIP 此成品的保存期限約 1-2 天，因含有水分、鮮奶油，不能久放。

D	E	F
G	H	I
J	K	

⑥ 黑醋栗果醬

1 事先將細砂糖、NH 果膠混合均匀。

TIP NH 果膠可使用黃色果膠粉取代。

2 黑醋栗果泥加熱至 35-40℃，倒入步驟 1，煮至沸騰 10-15 秒。

3 加入君度橙酒拌匀，降溫冷藏。

---

⑦ 白色噴砂（若使用市售噴式可可脂，此步驟省略）

1 白巧克力、可可脂、白色巧克力色粉微波至 40-45℃，用均質機混合均匀。

TIP 市售的噴式可可脂不需要機器就可以直接使用，非常方便，只是對常使用的人來說顏色有限且價格不低，依照自己需求選擇即可。

---

⑧ 組裝・裝飾

1 將散熱過的①**沙布列塔殼**充分冷凍，再以市售噴式可可脂（圖 L），或是用巧克力噴砂機將⑦**可可脂**均匀噴到塔殼表面。

TIP 噴砂液的使用溫度為 35-40℃，使用空氣壓縮機搭配噴槍，噴至預先冷凍約 10 分鐘的塔殼上。

2 將④**海綿蛋糕**切割成約直徑 7.6cm 的圓，放入噴砂完成的塔殼中，抹上適量⑦**黑醋栗果醬**。（圖 M-N）

3 接著放上冷凍過的②**香草慕斯**，然後將⑥**淡蘭姆栗子奶油醬**以蒙布朗專用花嘴沿著塔緣擠出一條一條的形狀，並將正上方擠滿抹平。（圖 O-Q）

TIP 側邊多擠出來的栗子奶油醬要修整齊，外型才會好看。（圖 R）

4 最後放上③**山形蛋白餅**，依照喜好以巧克力條及金箔裝飾即完成。（圖 S-T）

L	M	N
O	P	Q
R	S	T

BaoBao
達可瓦茲慕斯塔

Foie Gras Mousse Tart with Dacquoise

說到台灣美食就不能漏掉小籠包，
因為實在太愛小籠包，
所以設計這款仿小籠包造型的甜點。
口味的靈感來自於東京晴空塔的餐點，
酸甜覆盆子的莓果香氣搭配上濃厚風味的鵝肝，
甜甜鹹鹹的滋味讓我難以忘懷。

- **難易度** ★★★★
- **製作時間** 6H
- **完成份量** Φ8cm 圓形 ×8 個
- **模具** 沙布列塔皮：Φ8cm×H2cm 圓形塔圈
  覆盆子奶油醬：20cm×20cm 鐵盤
  覆盆子庫利：20cm×20cm 鐵盤
  鵝肝慕斯：小籠包造型模具

材料

① 沙布列塔皮

- 無鹽奶油 280g
- 低筋麵粉 280g
- 高筋麵粉 280g
- 杏仁粉 80g
- 純糖粉 220g
- 鹽 2g
- 全蛋 100g

② 覆盆子奶油醬

- 覆盆子果泥 100g
- 動物性鮮奶油 35% 50g
- 蛋黃 37g
- 細砂糖 15g
- 吉利丁塊 24g

③ 覆盆子庫利

- 覆盆子果泥 202g
- 櫻桃白蘭地 5g
- 寒天粉 35g
- 細砂糖 10g

④ 達可瓦茲

- 杏仁粉 50g
- 純糖粉 50g
- 低筋麵粉 20g
- 蛋白 100g
- 細砂糖 30g

⑤ 鵝肝慕斯

- 動物性鮮奶油 35% 180g
- 椰奶 48g
- 25% 鵝肝醬慕斯 28g
- 殺菌蛋白 45g
- 細砂糖 25g
- 轉化糖漿 5g
- 吉利丁塊 24g

⑥ 白色噴砂（可用市售噴式可可脂取代）

- 白巧克力 165g
- 可可脂 165g
- 白色油性色粉 .... 適量

*此為方便操作的配方量，一次做好冰在冰箱，每次取出需要量微波加熱即可。

建議製作順序

製作 ①〈沙布列塔皮〉冷凍鬆弛 ➡ 製作 ②〈覆盆子奶油醬〉➡ 塔殼烘烤 ➡ 製作 ③〈覆盆子庫利〉➡ 製作 ④〈達可瓦茲〉➡ 製作 ⑤〈鵝肝慕斯〉➡ 組裝小籠包冷凍 ➡ 製作 ⑥〈白色噴砂〉➡ 組裝・裝飾

作法

① 沙布列塔皮

1 事先將無鹽奶油切成小丁狀後，冷藏備用。

2 將低筋麵粉、高筋麵粉、杏仁粉、糖粉、鹽過篩至鋼盆中，加入冷藏無鹽奶油，使用桌上型攪拌機（槳形）慢速拌至約略淡黃色的奶粉狀。

3 慢慢加入蛋液，維持慢速攪打成團後，放入塑膠袋整形成 0.2cm 的厚度，冷凍 30-60 分鐘。

4 將塔皮切割成寬約 4.2cm 及 3.5cm 的長條。（圖 A）

5 將兩個 Φ8cm×H2cm 的塔圈疊在一起堆高（形成 Φ8cm×H4cm 的模具大小），先用寬 4.2cm 的塔皮貼在塔圈外側，然後用叉子均勻戳洞，接著再貼上寬 3.5cm 的塔皮，確實黏合。（圖 B-D）

TIP 塔皮之間要確實戳洞，可幫助內層塔皮不會因為膨脹而變形。

6 將塔皮多餘的部分切除，冷凍鬆弛 30-60 分鐘後，放入預熱好的烤箱，以 150-160℃烘烤 15-20 分鐘。出爐後立即拿掉塔圈散熱。

TIP 此時可刷上融化的可可脂（材料份量外），延緩受潮速度。

② 覆盆子奶油醬

1 覆盆子果泥和鮮奶油加熱至 50-60℃。

2 蛋黃與砂糖使用打蛋器攪拌至砂糖溶解並且顏色泛白。

3 將步驟 2 加入步驟 1，煮到 82℃離火。（圖 E）

4 稍微散熱後直接加入吉利丁塊，再使用濾網過篩。

5 降溫至 24-26℃時，倒入 20cm×20cm 鐵盤中鋪平，冷凍。（圖 F）

A	B	C
D	E	F

③ 覆盆子庫利

1 覆盆子果泥、櫻桃白蘭地加熱至 35-40℃。

2 將寒天粉、細砂糖混勻，倒入步驟 1 中煮沸約 30 秒，降溫冷藏。（圖 G）

TIP 寒天大約在室溫 25-30℃ 就會凝固。若要加快降溫速度可放入冰箱冷藏，節省製作時間。

3 待凝固後，使用均質機或是食物調理機打成泥狀，倒入 20cm×20cm 鐵盤中鋪平，冷凍。（圖 H-I）

---

④ 達可瓦茲

1 杏仁粉、糖粉、低筋麵粉過篩，混合均勻。

2 蛋白、砂糖打發成硬性發泡。（圖 J）

3 將步驟 1 倒入步驟 2 當中，以切拌的方式輕柔混合。（圖 K）

4 使用約 1cm 的圓形花嘴，擠成螺旋狀、約 9cm 的圓形。（圖 L）

5 放入預熱好的烤箱中，以 180℃ 烘烤 10-12 分鐘即可。

G	H	I
J	K	L

⑤ 鵝肝慕斯

1 將鮮奶油、椰奶、25% 鵝肝醬慕斯以電動打蛋器打發至約 6 分發。（圖 M）

2 製作瑞士蛋白霜：殺菌蛋白、細砂糖、轉化糖漿隔水加熱至 55-58℃，加入微波融化的吉利丁塊混勻，打發成挺立的狀態後，降溫至 36-40℃。（圖 N）

TIP 建議使用殺菌蛋白。如果只有蛋白液，先用巴斯德低溫殺菌法（加熱至 72℃）消毒約 15 秒處理，可避免蛋品中孳生造成人類食物中毒的沙門氏菌。

3 將步驟 1、步驟 2 切拌混勻。

TIP 因蛋白霜已加入吉利丁，需在微溫時拌入步驟 1 避免結塊，如結塊可以使用打蛋器拌開即可。

4 準備小籠包造型模具，擠入鵝肝慕斯，放入切小塊的③**覆盆子庫利**，再擠入鵝肝慕斯至滿，最後抹平表面，冷凍後脫模。（圖 O-R）

TIP 示範的 8 公分圓形塔一個大約放 3 顆小籠包，依照所需數量製作即可。

---

⑥ 白色噴砂（若使用市售噴式可可脂，此步驟省略）

1 將白巧克力、可可脂、白色色粉融化至 40-45℃，使用均質機混合均勻即可。使用時的溫度為 35-40℃。

TIP 噴砂用可可脂的使用溫度建議：夏天 35℃、冬天 40℃。

M	N	O
P	Q	R

⑦ **組裝・裝飾**

1 將④**達可瓦茲**切割成約 8.8cm 的圓形，放入①**沙布列塔殼**中。請盡量塞滿底部避免餡料流出。（圖 S-T）

2 將②**覆盆子奶油醬**、③**覆盆子庫利**切割成約 6cm 的圓形，依序堆疊在達可瓦茲上。（圖 U-V）

3 再將⑤**鵝肝慕斯**填滿至塔殼 9.5 分滿。（圖 W）

4 放上小籠包造型的鵝肝慕斯，最後以市售噴式可可脂，或用巧克力噴砂機噴上⑥**白色噴砂**裝飾即可。（圖 X）

TIP 可依照需求購買可以直接噴砂的市售噴式可可脂，或是調製噴砂可可脂搭配巧克力噴砂機使用。

S	T	U
V	W	X

閃電魚子醬巧克力塔

Chocolate Caviar Tart

魚子醬巧克力塔是在 2017 年所設計，跟這個作品結緣的學生人數，以我開設的課程來說算是排名前面幾名。那一顆顆巧克力魚子的費工程度讓許多學生上課時又愛又恨，但品嚐過後又忍不住覺得一切努力都相當值得。製作時可以體會到化學實驗般的樂趣，這不就是甜點設計的有趣之處嗎。

- **難 易 度**　★★★★★
- **製作時間**　6H
- **完成份量**　（L20cm×W4cm×H4cm）×4 個
- **模　　具**　巧克力塔皮：L20cm×W4cm×H4cm 塔模
海綿蛋糕：25cm×35cm 方模

材料

① 巧克力塔皮

低筋麵粉 145g
高筋麵粉 105g
無糖可可粉 30g
杏仁粉 20g
純糖粉 100g
鹽 1g
無鹽奶油 125g
全蛋 .... 1 顆

② 巧克力甘納許

動物性鮮奶油 35% 180g
葡萄糖漿 8g
吉利丁塊 12g
70% 巧克力 145g
無鹽奶油（室溫軟化）....... 10g

③ 榛果牛奶巧克力脆層

牛奶巧克力 40g
榛果巧克力醬（市售） 90g
巴瑞脆片 80g
鹽之花（冰） .... 適量

④ 巧克力魚子醬

牛奶 190g
動物性鮮奶油 35%............ 85g
細砂糖 75g
寒天粉 3g
無糖可可粉 30g
吉利丁塊 75g
可可膏 3g
沙拉油（冷藏或冷凍）...... 適量

⑤ 覆盆子果醬

新鮮或者冷凍覆盆子 500g
細砂糖 400g
檸檬汁 .... 1 顆
蘭姆酒 10g

⑥ 覆盆子酒糖液

30 波美糖漿 50g
覆盆子酒 20g
飲用水 100g

⑦ 海綿蛋糕

全蛋 160g
上白糖 120g
低筋麵粉 132g
牛奶 36g
無鹽奶油 36g

建議製作順序

製作 ⑤〈覆盆子果醬〉
➜ 製作 ①〈巧克力塔皮〉
➜ 製作 ⑦〈海綿蛋糕〉
➜ 製作 ②〈巧克力甘納許〉
➜ 製作 ③〈榛果牛奶巧克力脆層〉
➜ 製作 ⑥〈覆盆子酒糖液〉
➜ 製作 ④〈巧克力魚子醬〉➜ 組裝

作法

① 巧克力塔皮

1. 事先將無鹽奶油切成小丁狀後，冷藏備用。
2. 將低筋麵粉、高筋麵粉、無糖可可粉、杏仁粉、糖粉、鹽過篩至鋼盆中，加入冷藏無鹽奶油，使用桌上型攪拌機（槳形），慢速攪拌至約略淡黃色的奶粉狀。
3. 接著慢慢加入蛋液，維持慢速攪拌直到麵團大致成團。
4. 將麵團分割成每個約 200g，放入塑膠袋中整形、並擀至 0.2cm 的厚度。冷凍鬆弛 30-60 分鐘。
5. 將塔皮切割成寬約 4.2cm 長條形，以及比模具小 0.4-0.5cm 大小的底部。（圖 A-B）
6. 塔皮入模，先圍邊再入底，之後再將多餘塔皮斜切去除（內高外低）。（圖 C-D）
7. 將塔皮冷藏鬆弛 30-60 分鐘後，放入預熱好的烤箱中，以 160℃ 烘烤約 20-25 分鐘。（圖 E）

---

② 巧克力甘納許

1. 巧克力切碎備用。
2. 鮮奶油、葡萄糖漿煮至沸騰，稍微降溫後加入已微波融化的吉利丁塊。
3. 將巧克力碎倒入步驟 2 的鮮奶油靜置約 1-2 分鐘，再用刮刀從中心點往外以同心圓方式攪拌，使其乳化均勻。（圖 F-G）
4. 降溫至 38-40℃後，加入室溫軟化的無鹽奶油拌勻（圖 H）。將保鮮膜貼平甘納許表面，冷藏降溫至凝固。使用前再拌軟即可。

---

③ 榛果牛奶巧克力脆層

1. 將牛奶巧克力融化至 40℃，加入巴瑞脆片、榛果巧克力醬、鹽之花，拌勻備用。（圖 I）

   TIP 榛果巧克力醬可事先微波加熱至 38℃比較好拌勻。

A	B	C
D	E	F
G	H	I

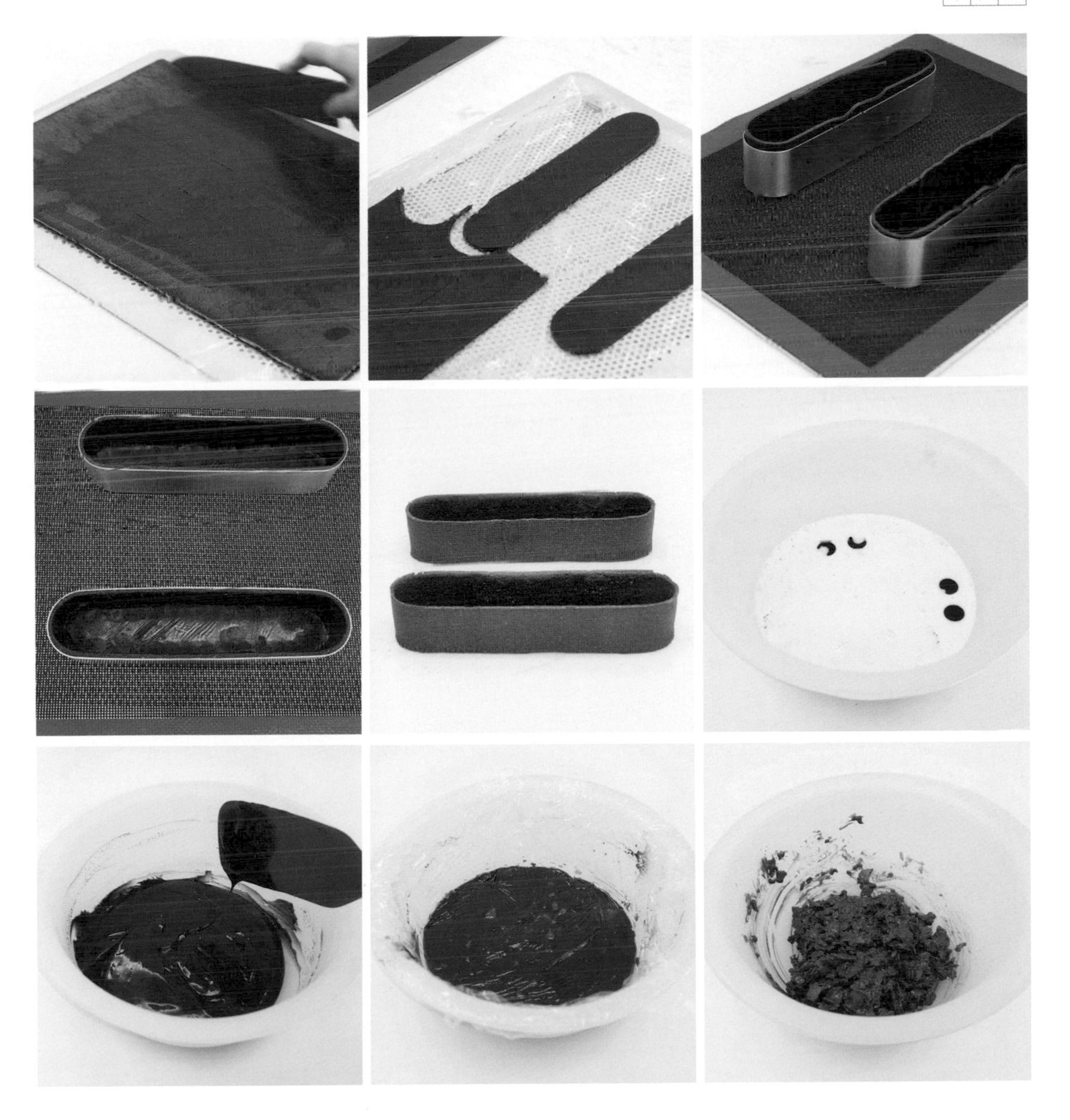

④ 巧克力魚子醬

1 將牛奶、鮮奶油、砂糖煮至沸騰，離火。（圖 J）

2 寒天粉、可可粉混合過篩，倒入步驟 1 混勻後，再次煮沸 1-2 分鐘。（圖 K）

3 稍微降溫後加入已微波融化的吉利丁塊，過篩。再加入可可膏拌勻，降溫至 40-60℃（視狀況判定）。（圖 L）

TIP 巧克力牛奶液開始降溫後會變得越來越濃稠，可以適當加入溫熱的牛奶或者隔熱水保溫，增加操作時間。

4 將置於冷凍的沙拉油取出，以滴管將步驟 3 的巧克力牛奶液滴入油當中靜置幾分鐘，讓巧克力凝固成顆粒狀，再利用篩網過濾沙拉油後，放在廚房紙巾上吸乾剩餘油脂，備用。（圖 M-N）

---

⑤ 覆盆子果醬

1 將覆盆子和細砂糖混勻，靜置到開始結合、滲出汁液後，倒入鍋內以小火拌煮。（圖 O-P）

TIP 過程中如有浮渣請撈起來，保持果醬的清澈度。

2 直到果醬明顯變濃稠，先取出一小湯匙的量，放置室溫觀察是否有凝固，如果沒有，再繼續煮 5-10 分鐘。最後加入檸檬汁、蘭姆酒續煮 5 分鐘即可（若無可省略）。（圖 Q）

3 趁熱裝到已消毒過的玻璃罐中，倒扣降溫。（圖 R）

TIP 事先將玻璃罐放置煮沸的熱水中 5-6 分鐘消毒，再放涼擦乾備用。

---

⑥ 覆盆子酒糖液

1 將 30 波美糖漿、覆盆子酒、飲用水全部混合均勻即可。

TIP 30 波美糖漿的製作方式＝飲用水 1000g：細砂糖 1350g，煮至砂糖融化即可。

巧克力魚子醬的製作原理

巧克力魚子醬是利用「**油水不互溶**」以及「**密度**」的特性製作而成。將水滴入油中不會融合，且水的密度比油大，會於下降過程中形成圓珠狀。

但由於巧克力附有豐富油脂，需要以寒天的凝膠性包覆。將寒天加熱到 90℃左右後，其網狀構造會被破壞，在降至低溫時於巧克力表層形成凝膠（水），達到「油水不互溶」的作用。

此步驟需注意**油類必須維持冷藏狀態**，當溫熱的巧克力牛奶液接觸到冰冷油類、緩慢下降時才會凝固。操作時可墊冰水，減緩油類的回溫速度。

J	K	L
M	N	O
P	Q	R

⑦ 海綿蛋糕（全蛋法）

1 低筋麵粉過篩備用。無鹽奶油、牛奶加熱至 40℃ 並且維持溫度。

2 將全蛋、上白糖隔水加熱至 38-40℃，使用電動打蛋器高速打發至有痕跡後，轉中速持續打發，直到提起打蛋器時，麵糊可以在表面畫 8 字且 2-3 秒不會消失，轉至最低速，讓氣泡變小變細緻。

3 接著分次加入低筋麵粉，切拌至無結塊。

4 取一部分的麵糊加入步驟 1 的 40℃ 奶油液拌勻，再倒回剩餘的麵糊中，持續拌勻至無油的痕跡。

5 使用 25cm×35cm 方模，將麵糊從離模具約 30cm 的距離倒入後，用刮板往四邊角落推去，並沿著四邊抹平。接著拿起烤模距離桌面約 10cm，往下敲震出氣泡。

6 放入預熱好的烤箱中，175℃ 烘烤約 12-15 分鐘。

7 出爐後待完全冷卻再脫模，放涼時蓋上烘焙紙避免乾燥。

TIP 若使用烘焙紙烤焙，出爐後將四個角撕開散熱。稍微冷卻後，翻面鋪上烘焙紙繼續散熱。

⑧ 組裝・裝飾

1 在①**巧克力塔殼**內填入約 45g 的③**榛果牛奶巧克力脆層**。（圖 S）

2 將⑦**海綿蛋糕**切塊，放入塔殼中。（圖 T）

TIP 依照模具尺寸切塊即可，此處切為 L18cm×W3cm×H1cm。

3 在海綿蛋糕上刷一層⑥**覆盆子酒糖液**，並塗上約 30g 的⑤**覆盆子果醬**。（圖 U-V）

4 再將約 80g 的②**巧克力甘納許**抹平，上面填滿④**巧克力魚子醬**塑形即完成。（圖 W-X）

S	T	U
V	W	X

CHAPTER 05

主題式動物紋

ANIMAL PRINT

《實作篇》

豹紋威士忌夾心餅乾
斑馬奶酒夾心餅乾
焙茶豹紋塔
巧克力斑馬塔

豹紋 威士忌夾心餅乾

Leopard Print Sandwich Biscuit with Whiskey Buttercream

- 難易度 ★★★
- 製作時間 4H
- 完成份量 約 10-12 片（依模具而異）
- 模 具 6cm 六邊形切割模

斑馬 奶酒夾心餅乾

Zebra-Striped Sandwich Biscuit with Baileys Irish Cream Buttercream

- 難易度 ★★★
- 製作時間 4H
- 完成份量 約 10-12 片（依模具而異）
- 模 具 6cm 四方形切割模

設計概念

「豹紋威士忌夾心餅乾」

以野生動物為靈感設計的「捕獵者與獵物」系列，
捕獵者使用具代表性的豹斑紋路，野性又有點侵略性。
內餡以威士忌酒香的奶油霜帶出狂野風味，中心的焦糖牛奶醬增加光澤感，
最後撒上鹽之花點綴。

材料

① 甜塔皮餅乾（豹紋）

材料	份量
無鹽奶油	100g
杏仁粉	20g
純糖粉	63g
鹽	2g
全蛋（室溫）	37g
低筋麵粉	93g
高筋麵粉	93g
巧克力轉印紙（豹紋）	適量

② 蜂蜜威士忌義式奶油霜

材料	份量
無鹽奶油	235g
義式蛋白霜	取 92g
飲用水	40g
細砂糖 A	65g
蛋白	65g
細砂糖 B	65g
＊此配方量較方便操作。	
蜂蜜威士忌	20g

③ 焦糖牛奶醬

材料	份量
細砂糖	65g
飲用水	適量
動物性鮮奶油 35%	85g

④ 裝飾

材料	份量
鹽之花	適量

建議製作順序

製作 ①〈甜塔皮餅乾〉冷凍鬆弛 ➡ 製作 ③〈焦糖牛奶醬〉➡ 餅乾轉印冷凍
➡ 製作 ②〈蜂蜜威士忌義式奶油霜〉➡ 烘烤 ➡ 組裝

「斑馬奶酒夾心餅乾」

「捕獵者與獵物」系列中的獵物，
是以斑馬紋代表草食動物，與捕獵者相呼應。
將貝禮詩奶酒加入巧克力英式奶油霜，
香甜滑順濃郁中帶點酒香尾勁。

材料

① 巧克力甜塔皮餅乾（斑馬紋）

- 無鹽奶油 100g
- 杏仁粉 20g
- 純糖粉 63g
- 鹽 2g
- 全蛋 37g
- 無糖可可粉 20g
- 低筋麵粉 83g
- 高筋麵粉 83g
- 巧克力轉印紙（斑馬紋）... 適量

② 貝禮詩巧克力英式奶油霜

- 無鹽奶油 125g
- 英式蛋奶醬 .... 取 45g
  - 牛奶 50g
  - 動物性鮮奶油 35% 50g
  - 細砂糖 100g
  - 蛋黃 .... 3 個
  - ＊此配方量較方便操作。
- 70% 巧克力 30g
- 貝禮詩巧克力奶酒 5g

建議製作順序

製作 ①〈巧克力甜塔皮餅乾〉冷凍鬆弛 ➡ 製作 ②〈貝禮詩巧克力英式奶油霜〉

➡ 餅乾轉印冷凍 ➡ 烘烤 ➡ 組裝

豹紋威士忌夾心餅乾

作法

① 甜塔皮餅乾（豹紋）

1 無鹽奶油在室溫回溫至 22-24℃後，使用電動打蛋器或是桌上型攪拌機（槳形）打成霜狀。（圖 A）

2 接著加入過篩的杏仁粉、糖粉、鹽拌勻即可，不要打發。
TIP 打發後的口感較酥，但餅乾容易變形。

3 分次加入常溫的蛋液拌勻。（圖 B）
TIP 如有油水分離的狀態，可以使用吹風機或是熱風槍隔著鋼盆微微加熱，直到完成乳化。

4 最後加入過篩的低筋麵粉、高筋麵粉，以慢速攪打至麵團大致成團。（圖 C）
TIP 請勿過度攪拌，攪打至圖 C 的狀態即可，不需要到完全成團。

5 將麵團放入塑膠袋裡面整形，並擀成 0.2cm 的厚度，冷凍約 15 分鐘。（圖 D）

6 取出後將塑膠袋一面撕開，塔皮表面溫度到 15-18℃時，貼上巧克力轉印紙，並且輕柔地將氣泡排出，冷凍約 1 小時以上。（圖 E）

7 取出後迅速將巧克力轉印紙撕下。（圖 F）
TIP 如有圖案破損的狀態代表塔皮冷凍的溫度不夠低，或者塔皮及轉印紙間有氣泡，造成圖案沒有服貼。建議先撕開一小角測試，如果沒有成功轉印在塔皮上，請再回冷凍確實降溫。

8 使用 6cm 六邊形切割模將塔皮分割（這裡示範切成六邊形，其中一半切出中間空心），鋪排在網洞烤盤墊上，放入預熱好的烤箱中，以 160℃烘烤約 20-25 分鐘。（圖 G-I）

A	B	C
D	E	F
G	H	I

② 蜂蜜威士忌義式奶油霜

1 事先將無鹽奶油放置室溫，回溫至 22-24℃。

2 製作義式蛋白霜：將水、砂糖 A 放入鍋中加熱，同時將蛋白、砂糖 B 打發至濕性發泡，等待糖漿溫度到達 118-120℃後，將機器轉高速，並緩慢倒入糖漿，打發至降溫。

TIP 煮糖漿的時候，蛋白霜不能完全打發，否則糖漿倒入後會無法吸收，導致成品癱軟。

3 將無鹽奶油稍微打成霜狀，加入義式蛋白霜以及蜂蜜威士忌，使用電動打蛋器或者桌上型攪拌機拌勻即可。（圖 J-K）

4 整形成厚度約 0.4cm 的片狀，放入冰箱冷凍。（圖 L）

---

③ 焦糖牛奶醬

1 將砂糖、水放入鍋中煮成焦糖。

TIP 煮焦糖時加入適量的水，將砂糖均勻浸到水，可以避免受熱不均而燒焦。

2 關火，慢慢倒入已加熱到約 80℃的鮮奶油，一邊攪拌均勻，一邊降溫至 28-30℃時再使用。

TIP 煮焦糖時如果太過於濃稠，可以添加配方外已加熱過的鮮奶油來調整濃稠度。

---

④ 組裝 · 裝飾

1 將烤好的①**甜塔皮餅乾**放涼。將冷凍變硬的②**蜂蜜威士忌義式奶油霜**切割成略小於甜塔皮餅乾的形狀，疊到甜塔皮餅乾上。（圖 M）

2 覆蓋上另一片空心的甜塔皮餅乾。（圖 N）

3 空心處擠上③**焦糖牛奶醬**，並撒上少許鹽之花點綴。（圖 O）

J	K
L	M
N	O

斑馬奶酒夾心餅乾

作法

① 巧克力甜塔皮餅乾（斑馬紋）

1 事先將無鹽奶油放常溫回溫至 22-24℃，使用電動打蛋器或是桌上型攪拌機（槳形）打成霜狀。

2 接著加入過篩的杏仁粉、糖粉、鹽拌勻即可，不要打發。

TIP 打發後的口感較酥，但餅乾容易變形。

3 分次加入常溫的蛋液拌勻。

TIP 如有油水分離的狀況，可以用吹風機或是熱風槍吹鋼盆外側微微加熱，並持續攪拌直到完成乳化。

4 最後加入過篩的無糖可可粉、低筋麵粉、高筋麵粉，以慢速攪打至大致成團。

TIP 請勿過度攪拌，不需要打到完全成團。

5 將麵團放入塑膠袋裡面整形，並擀成 0.2cm 的厚度，冷凍約 15 分鐘。

6 取出後將塑膠袋一面撕開，塔皮表面溫度到 15-18℃ 時，貼上巧克力轉印紙，再輕柔地壓出氣泡後，冷凍至少 1 小時。（圖 P）

7 取出後迅速將巧克力轉印紙撕下。（圖 Q）

TIP 如有圖案破損的狀態代表塔皮冷凍的溫度不夠低，或者塔皮及轉印紙間有氣泡，造成圖案沒有服貼。建議先撕開一小角測試，如果沒有成功轉印在塔皮上，請再回冷凍確實降溫。

8 使用 6cm 方形切割模將塔皮分割（圖 R），鋪排在網洞烤盤墊，放入預熱好的烤箱中，以 160℃ 烘烤約 20-25 分鐘。

P Q R

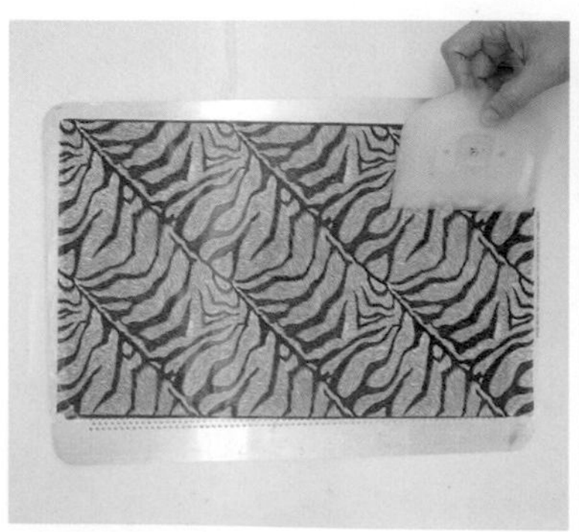

② 貝禮詩巧克力英式奶油霜

1. 事先將無鹽奶油放室溫回溫至 22-24℃，使用電動打蛋器或是桌上型攪拌機（槳形）打成霜狀。（圖 S）
2. 製作英式蛋奶醬：將牛奶、鮮奶油加熱至微溫，砂糖、蛋黃使用打蛋器攪拌至砂糖融化並且顏色泛白。接著將兩者混合拌勻，放入鍋中煮至 82C° 再過篩，降溫至 28-30℃ 備用。（圖 T）
3. 將巧克力微波或是隔水加熱至融化。（圖 U）
4. 將步驟 1、2、3 與貝禮詩巧克力奶酒依序混合拌勻即可。（圖 V）

③ 組裝

1. 將烤好的①**巧克力甜塔皮餅乾**放涼。（圖 W）
2. 使用 1cm 的圓形花嘴將②**貝禮詩巧克力英式奶油霜**擠到餅乾上（圖 X），再疊上另一片餅乾即完成。

S	T	U
V	W	X

焙茶豹紋塔

Leopard Print Hojicha Tart

難易度 ★★★★

製作時間 6H

完成份量 Φ8cm 圓形 ×10-12 個

模　　具 8cm 圓形網洞塔圈

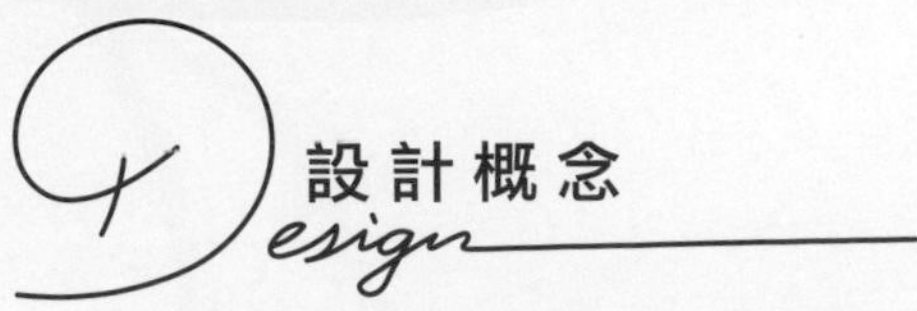

延續捕獵者系列，內餡以豹紋為發想，分成深茶色和黃色；深茶色對應焙茶甘納許，黃色則為芒果百香甘納許。口味上利用甘納許的化口感，呈現濃厚而不膩的溫醇風味。

材料

① 沙布列塔皮（豹紋）

- 無鹽奶油 140g
- 杏仁粉 40g
- 低筋麵粉 140g
- 高筋麵粉 140g
- 純糖粉 110g
- 鹽 1g
- 全蛋 50g
- 蛋液 .... 適量
  蛋液＝蛋黃 100g ＋鮮奶油 15g
- 巧克力轉印紙（豹紋）..... 適量

② 芒果百香甘納許

- 芒果果泥 70g
- 百香果果泥 30g
- 細砂糖 35g
- 葡萄糖漿 6g
- 調溫白巧克力 32% 80g
- 可可脂 20g
- 無鹽奶油 10g
- 白蘭姆酒 6g

③ 焙茶甘納許

- 動物性鮮奶油 35% 80g
- 葡萄糖漿 25g
- 轉化糖漿 15g
- 調溫白巧克力 32% 80g
- 可可脂 10g
- 焙茶粉 10g
- 無鹽奶油 20g

④ 焦糖淋面

- 細砂糖 100g
- 飲用水 .... 適量
- 動物性鮮奶油 35%......... 100g
- 吉利丁塊 24g

⑤ 裝飾（依喜好）

- 巧克力飾片 .... 適量
  （作法參考 p49）

建議製作順序

製作 ①〈沙布列塔皮〉冷凍鬆弛

➜ 製作 ③〈焙茶甘納許〉

➜ 塔皮轉印冷凍

➜ 製作 ②〈芒果百香甘納許〉

➜ 塔皮入模冷藏 ➜ 烘烤

➜ 製作 ④〈焦糖淋面〉

➜ 組裝・裝飾

作法

① 沙布列塔皮（豹紋）

1 事先將無鹽奶油切成小丁狀後，冷藏備用。

2 將杏仁粉、低筋麵粉、高筋麵粉、糖粉、鹽過篩至鋼盆中，加入冷藏無鹽奶油，使用桌上型攪拌機（槳形），慢速攪拌至約略淡黃色的奶粉狀。

3 慢慢加入蛋液，維持慢速攪打至大致成團。

4 放入塑膠袋裡面整形，並擀成 0.2cm 的厚度，冷凍約 15 分鐘。（圖 A）

5 將塑膠袋一面撕開，塔皮表面溫度到 15-18℃時，將巧克力轉印紙貼到塔皮上，並且輕柔地將氣泡排出，冷凍約 1 小時以上。（圖 B）

6 取出後迅速將巧克力轉印紙撕下。（圖 C）

TIP 如有圖案破損的狀態，代表塔皮冷凍的溫度不夠低，或者塔皮及轉印紙間有氣泡，造成圖案沒有服貼。建議先測試一小角，如果紋路沒有成功轉印在塔皮上，請再回冷凍確實降溫。

7 準備 8cm 圓形網洞塔圈。將塔皮切割成寬度約 2.2cm 的長條形，以及比模具小 0.4-0.5cm 的底部。（圖 D）

8 塔皮入模。先圍邊再入底（豹紋朝下），斜切掉（內高外低）多餘的塔皮後，冷藏鬆弛 30-60 分鐘。（圖 E-F）

9 接著放入預熱好的烤箱中，以 150-160℃ ／ 15-20 分鐘盲烤完，出爐散熱，拿掉塔圈刷上蛋液再烤 5-8 分鐘，烤乾即可。

TIP 蛋液的比例為「蛋黃：鮮奶油＝100：15」。

A	B	C
D	E	F

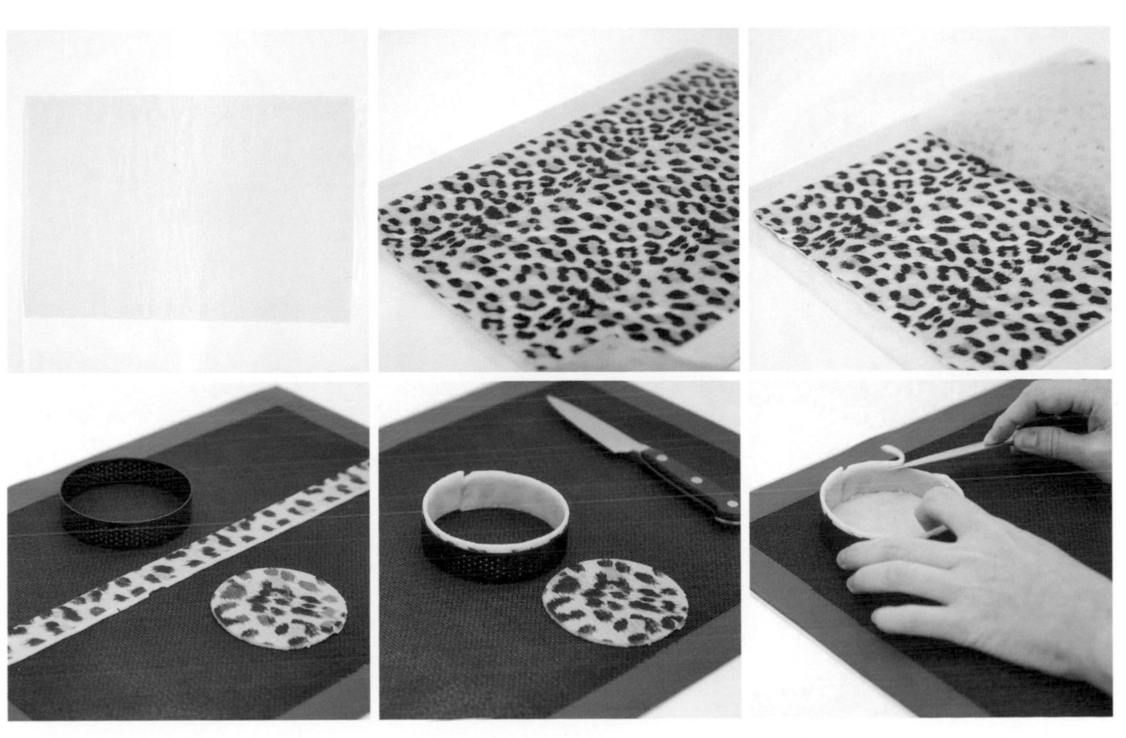

② 芒果百香甘納許

1 芒果果泥、百香果果泥混合後加熱至約85℃。

2 將細砂糖、葡萄糖漿煮至琥珀色約170℃離火，倒入步驟 1 拌勻至柔滑。（圖 G）

TIP 加入適量的葡萄糖漿可以降低甜度，並且防止糖急速再結晶，如果手邊沒有葡萄糖漿，直接用砂糖取代即可。

3 待步驟 2 稍微降溫後，倒入白巧克力、可可脂中（圖 H），拌勻乳化至約 38-40℃。

TIP 可可脂能增加流動性，也可以用白巧克力取代。

4 再加入室溫軟化的無鹽奶油，並且加入白蘭姆酒（圖 I），拌勻後降溫至 25-30℃使用。

TIP 在製作甘納許時，添加少許超過 40% 以上的酒，可以達到抑菌的效果。

③ 焙茶甘納許

1 將鮮奶油、葡萄糖漿、轉化糖漿煮沸，倒入白巧克力、可可脂、過篩的抹茶粉中，靜置約 2-3 分鐘，再用刮刀從中心往外輕輕繞圈，使其乳化均勻。（圖 J）

2 降溫至 38-40℃後，加入室溫的無鹽奶油拌勻，於 25-30℃時使用。（圖 K）

G	H	I
J		K

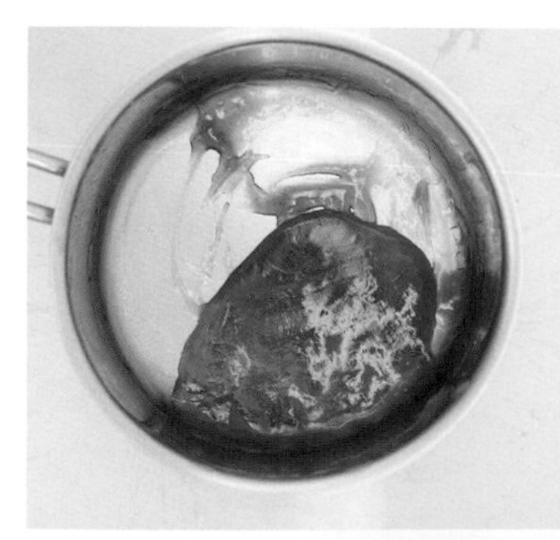

④ 焦糖淋面

1 將砂糖、水放入鍋中煮成焦糖。

TIP 製作焦糖時添加適量的水（大約是讓砂糖均勻浸到水的量），製程會比較長，需等待水分蒸發，但能更細膩掌控焦糖顏色。

2 鮮奶油加熱至約 80℃，倒入已關火的焦糖拌勻。

3 稍微降溫後，加入微波融化的吉利丁塊即可，降溫到約 27-30℃時使用。

TIP 建議使用均質機消除氣泡，如果手邊沒有此器具，拌勻時盡量不要拌入空氣。

⑤ 組裝・裝飾

1 在①**沙布列塔殼**內填入 25g 的③**焙茶甘納許**，冷凍至表面沒有流動性。（圖 L-M）

2 再填入 30g 的②**芒果百香甘納許**，冷凍至表面沒有流動性。（圖 N-O）

TIP 焙茶甘納許與芒果百香甘納許也可互換位置，呈現不同的切面效果。

3 最後填入 10g 的④**焦糖淋面**，依喜好擺上巧克力飾片裝飾即完成。（圖 P-Q）

TIP 巧克力飾片作法請參考 p49，將轉印好的巧克力片包在擀麵棍上做出圓弧後，剝開即可。

L	M	N
O	P	Q

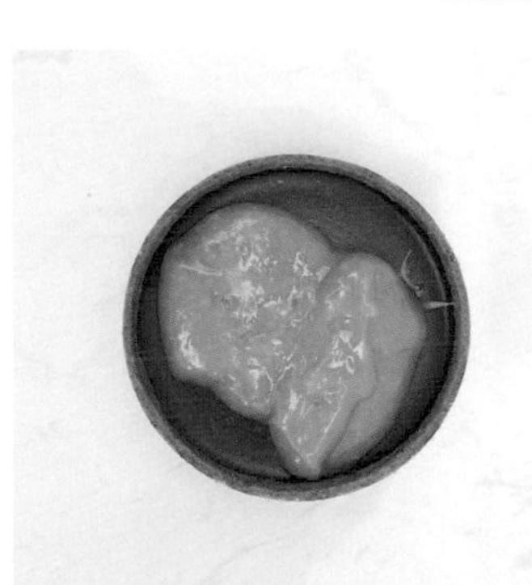

巧克力斑馬塔

Zebra-Striped Chocolate Tart

這次將代表獵物的斑馬紋用於巧克力塔皮，並結合延伸自斑馬形象的巧克力甘納許內餡。外觀的設計花俏帶有華麗感，口味上卻希望反差呈現單純簡單，回到品嚐巧克力時最初的幸福滋味。

難 易 度 ★★★★

製作時間 6H

完成份量 Φ8cm 圓形 ×8-10 個

模　　具 8cm 圓形網洞塔圈

材料

① 巧克力沙布列塔皮（斑馬紋）

無鹽奶油 140g
杏仁粉 40g
低筋麵粉 140g
高筋麵粉 120g
純糖粉 110g
無糖可可粉 20g
鹽 1g
全蛋 50g
蛋液 .... 適量
蛋液＝蛋白 100g ＋鮮奶油 15g
巧克力轉印紙（斑馬紋）....... 適量

② 巧克力甘納許

葡萄糖漿 72g
動物性鮮奶油 35% 348g
70% 調溫巧克力 400g
無鹽奶油 52g
伏特加 16g

③ 裝飾（依喜好）

巧克力飾片 .... 適量
（作法參考 p49）

建議製作順序

製作 ①〈巧克力沙布列塔皮〉冷凍鬆弛 ➡ 塔皮轉印冷凍 ➡ 製作 ②〈巧克力甘納許〉➡ 塔皮入模冷藏 ➡ 烘烤 ➡ 組裝・裝飾

作法

① 巧克力沙布列塔皮（斑馬紋）

1 事先將無鹽奶油切成小丁狀，冷藏備用。

2 將杏仁粉、低筋麵粉、高筋麵粉、糖粉、無糖可可粉、鹽過篩至鋼盆中，加入冷藏無鹽奶油，使用桌上型攪拌機（槳形）慢速攪拌至約略淡黃色的奶粉狀。

TIP 杏仁粉預先以烤箱 150℃ 烤 7-8 分鐘直到香味出來，散熱後使用。

3 慢慢加入蛋液，維持慢速攪打至大致成團。

4 放入塑膠袋裡面整形，並擀成 0.2cm 的厚度，冷凍約 15 分鐘。（圖 A）

5 將塑膠袋一面撕開，塔皮表面溫度到 15-18℃ 時，將巧克力轉印紙貼到塔皮上，輕柔壓出氣泡後，冷凍至少 1 小時。（圖 B）

6 取出後迅速將巧克力轉印紙撕下。

TIP 如有圖案破損的狀態，代表塔皮冷凍的溫度不夠低，或者塔皮及轉印紙間有氣泡，造成圖案沒有服貼。建議先測試一小角，如果沒有成功轉印在塔皮上，請再回冷凍確實降溫。

7 準備 8cm 圓形網洞塔圈。將塔皮切割成寬度約 2.2cm 的長條形，以及比模具小 0.4-0.5cm 的底部。（圖 C）

8 塔皮入模，先圍邊再入底（斑馬紋朝下），將多餘的塔皮斜切掉（內高外低），冷藏鬆弛 30-60 分鐘。（圖 D-E）

9 接著放入預熱好的烤箱中，以 150-160℃／15-20 分鐘盲烤完出爐散熱，拿掉塔圈刷上蛋液再烤 5-8 分鐘，烤乾即可。（圖 F）

TIP 蛋液的比例為「蛋白：鮮奶油＝100：15」。因為斑馬顏色的影響，刷塔皮的蛋液由蛋黃改成蛋白，可以避免表面顏色變濁影響美觀。

② 巧克力甘納許

1 鮮奶油、葡萄糖漿煮沸後，倒入巧克力中，靜置約 3-4 分鐘，再由中心點往外慢慢繞圈，使其乳化拌勻。

2 降溫至 38-40℃ 後，加入室溫無鹽奶油、伏特加拌勻，降溫至 25-30℃ 時使用。（圖 G）

---

③ 組裝・裝飾

1 在①**巧克力沙布列塔殼**內填入約 60-65g 的②**巧克力甘納許**，冷凍至表面沒有流動性。（圖 H-I）

2 最後依喜好放上巧克力飾片裝飾即可。

TIP 巧克力飾片作法請參考 p49，將轉印好的巧克力片壓出圓形切痕後，放入有曲面弧度的容器中定型即可。

A	B	C
D	E	F
G	H	I

甜點的設計沒有框限，

沒有好壞，

這本書的每一個作品，

都是屬於我的詮釋，

與你們傳遞我眼中的甜點風貌與美好。

將此書獻給一路支持我的你們，

以及親愛的家人。

Hope you enjoy ！

台灣廣廈 國際出版集團
Taiwan Mansion International Group

國家圖書館出版品預行編目（CIP）資料

法式甜點的設計：藍帶甜點師的職人配方&破框美學，35款集結色彩搭配、造型發想、味覺堆疊的美味解構 / 郭恩慈EN著. -- 初版. -- 新北市：台灣廣廈, 2022.05
面；　公分.
ISBN 978-986-130-536-3
1.CST: 點心食譜

427.16　　111001278

法式甜點的設計

藍帶甜點師的職人配方&破框美學，
35款集結色彩搭配、造型發想、味覺堆疊的美味解構

作　　者／郭恩慈EN
攝　　影／郭恩慈EN
攝影協力／新廸
編輯中心編輯長／張秀環・**編輯**／蔡沐晨・許秀妃
封面・內頁設計／曾詩涵
內頁排版／菩薩蠻數位文化有限公司
製版・印刷・裝訂／東豪・弼聖・秉成

行企研發中心總監／陳冠蒨
媒體公關組／陳柔彣
綜合業務組／何欣穎
線上學習中心總監／陳冠蒨
數位營運組／顏佑婷
企製開發組／江季珊

發 行 人／江媛珍
法律顧問／第一國際法律事務所 余淑杏律師・北辰著作權事務所 蕭雄淋律師
出　　版／台灣廣廈
發　　行／台灣廣廈有聲圖書有限公司
地址：新北市235中和區中山路二段359巷7號2樓
電話：（886）2-2225-5777・傳真：（886）2-2225-8052

代理印務・全球總經銷／知遠文化事業有限公司
地址：新北市222深坑區北深路三段155巷25號5樓
電話：（886）2-2664-8800・傳真：（886）2-2664-8801
郵政劃撥／劃撥帳號：18836722
劃撥戶名：知遠文化事業有限公司（※單次購書金額未達1000元，請另付70元郵資。）

■出版日期：2022年05月
ISBN：978-986-130-536-3
■初版2刷：2023年09月